フードシステム

【編集・執筆】

藤島 廣二・伊藤 雅之

【執筆】

矢野 泉・木村 彰利・寺野 梨香

筑波書房

はじめに

　「フードシステム」とは、人々に日々の食を提供するための、農業・漁業の生産段階から家庭等での最終消費段階に至るまでの経済主体間の連携・協力関係を意味する。現在では多くの人々は都市部に住み、農業や漁業といった食の生産現場から少なからず離れているし、食料の輸入も大幅に増加している。加えて、農業や漁業で収穫・収獲した生鮮品を家庭内で調理して食するよりも、途中で何らかの加工がほどこされた食品を購入することや家庭外で食事をすることが増えている。すなわち、フードシステムは今や個々人が想像できないほど厖大なものになっている。

　本書はそうした厖大なフードシステムを総体的に把握しようという試みである。ただし、厖大すぎて細部まで把握するのは困難であることから、日本のフードシステムを主な対象として、その全体像・具体像を把握できるように努めた。そのためフードシステムを全般的に論じた（1〜3章）後、農畜水産物の生産段階（4〜6章）、食品加工段階（7章）、流通段階（8〜10章）、および消費段階（11〜12章）を分析し、さらに穀類、生鮮、加工品を代表する3品目（米、野菜、ビール：13〜15章）について、それぞれのフードシステムをトータルな視点で俯瞰した。

　厖大なフードシステムの全体像を把握するためには、それを構成する要素のつながりに沿って理解していくことが有効である。したがって、もし、フードシステムを上流（生産側）から理解しようとするならば、1章から順番に読み進めることを推奨する。もし、フードシステムを下流（消費側）から具体性を持って理解しようとするならば、1〜3章を読解し、次に13〜15章から消費等段階別に前の章へさかのぼって読み進めることを推奨する。

　本書は食や食品産業を学ぼうとする大学生の教科書として、あるいはフードシステムを知りたいと考えている社会人、フードシステムに携わっている企業人の方々の基本的な文献として、多くの方々にご利用いただきたいと考

えている。そのためにも、読者の皆様から色々なコメントをお寄せいただき、本書の内容を改善できるならば、たいへんありがたい。各章の章末には、課題が記載されている。読者から発行所へ、これら課題の検討結果をお寄せいただければ、これを契機として、議論を深めると共に本書の改善に結び付けたい。多くの方々のご協力・ご支援を心からお願いしたい。

　最後に、本書の出版にあたってたいへんお世話になった筑波書房の鶴見治彦氏に心から厚くお礼申し上げたい。

2021年4月

編者：藤島廣二・伊藤雅之

目 次

はじめに …………………………………………………………………… iii

1　社会を支えるフードシステム ………………………………… 1
　（1）フードシステムとは ……………………………………… 1
　（2）フードシステムはなぜ必要か …………………………… 3
　（3）フードシステムの役割 …………………………………… 5
　（4）フードシステムにおける規模の経済 …………………… 8

2　わが国のフードシステムの現状 ……………………………… 11
　（1）フードシステムの全体像 ………………………………… 11
　（2）日本経済の中に占める位置 ……………………………… 14
　（3）フードシステムの構造変化 ……………………………… 17
　（4）フードシステムのリスクマネジメント ………………… 19

3　グローバル化したフードシステム …………………………… 25
　（1）グローバル化の全面的展開へ …………………………… 25
　（2）グローバル化を引き起こした要因 ……………………… 29
　（3）輸出と海外への進出 ……………………………………… 32

4　農産物の生産システム ………………………………………… 37
　（1）農地および作付延べ面積の減少 ………………………… 37
　（2）農業生産の担い手の変化 ………………………………… 39
　（3）農業経営の組織化の展開 ………………………………… 41
　（4）農産物の都道府県別生産・出荷状況 …………………… 42
　（5）輸入も含む供給システムの現状 ………………………… 46

5　畜産物の生産システム ……………………………………………… 49
　（1）生産量の大幅増から微減・横ばいへ ……………………… 49
　（2）担い手の著減と規模拡大 …………………………………… 51
　（3）都道府県別生産状況 ………………………………………… 54
　（4）輸入を含めた供給実態 ……………………………………… 60

6　水産物の生産システム ……………………………………………… 63
　（1）多様な漁業種類と漁法 ……………………………………… 63
　（2）生産量は1980年代がピーク ……………………………… 65
　（3）担い手と漁船の減少 ………………………………………… 68
　（4）輸入依存度の上昇 …………………………………………… 72

7　食品加工業の展開とフードシステムの中の位置 ……………… 75
　（1）食品加工と加工食品 ………………………………………… 75
　（2）加工食品の多様性 …………………………………………… 76
　（3）食品加工業の推移と現状 …………………………………… 76

8　穀物の流通システム …………………………………………………… 87
　（1）穀物の商品特性 ……………………………………………… 87
　（2）日本の穀物需給の特徴 ……………………………………… 89
　（3）輸入穀物の流通構造 ………………………………………… 91
　（4）世界穀物市場の特徴 ………………………………………… 95

9　生鮮食品の流通システム …………………………………………… 97
　（1）生鮮食品流通の特質 ………………………………………… 97
　（2）卸売市場制度の展開 ………………………………………… 98
　（3）卸売市場制度の概要 ……………………………………… 100
　（4）生鮮食品流通の環境変化と制度改変 …………………… 102

（5）卸売市場流通の現状 ……………………………………… 104

（6）市場外流通について ……………………………………… 107

（7）品目別流通主体の概要 …………………………………… 107

10　加工食品の流通システム ………………………………… 111

（1）加工食品市場の需給動向 ………………………………… 111

（2）加工食品の流通経路 ……………………………………… 114

（3）食品卸売業の動向 ………………………………………… 120

（4）加工食品の表示 …………………………………………… 121

11　食品の購買行動 …………………………………………… 125

（1）食品購買の特性 …………………………………………… 125

（2）購入品目の動向 …………………………………………… 126

（3）購入場所の多様化 ………………………………………… 129

（4）購入要因の変化 …………………………………………… 131

（5）購入形態の多様化 ………………………………………… 132

12　食の外部化の進展 ………………………………………… 137

（1）社会の変化と消費動向 …………………………………… 137

（2）外食・中食・内食 ………………………………………… 140

（3）食の外部化の今後 ………………………………………… 144

13　米のフードシステム ……………………………………… 147

（1）米フードシステムを構成する多様な流通ルート ……… 147

（2）米生産の減少と多様化 …………………………………… 149

（3）取引の多様化と価格の低迷 ……………………………… 153

（4）外食・中食比率の上昇と需要の減少 …………………… 156

14　野菜のフードシステム ……………………………………………… 159

（1）野菜消費の特徴 ……………………………………………… 159

（2）野菜流通の特質 ……………………………………………… 162

（3）生鮮野菜のフードシステム ………………………………… 163

（4）加工野菜のフードシステム ………………………………… 169

（5）セット野菜のフードシステム……………………………… 172

15　ビールのフードシステム ……………………………………… 175

（1）ビールの歴史 ………………………………………………… 175

（2）ビール系飲料の概要 ………………………………………… 176

（3）酒類およびビール系飲料市場の動向 …………………… 178

（4）ビールの製造工程と原料調達 …………………………… 181

（5）ビール市場の特徴と価格形成 …………………………… 182

（6）ビールの流通経路 ………………………………………… 183

（7）ビールの消費動向 ………………………………………… 185

1　社会を支えるフードシステム

　「食」は命や健康を維持するために欠かすことのできないものである。「食」が実現できなければ、個々人はもちろんのこと、社会も存続できない。しかも、現在では「食」を構成する2大要素である生産と消費において多くの人々が協力し合っているだけでなく、生産から消費に至るまでの間で様々な人々が協力し合っている。その協力の仕組みが「フードシステム」である。本章では「フードシステム」について基本的な事項を整理しておくことにしよう。

（1）フードシステムとは

　フードシステムとは、一言で言えば「食を実現するために人々が協力し合っている仕組み」である。ただし、企業内や家族・家庭内での協力に重点を置いた概念ではない。例えば農業生産を行う場合、家族（農家）内または企業（農業法人）内で分業・協業を行っているであろうし、家庭で食事をする場合も調理をする人、皿を洗う人等の分担があるかと思うが、そうした協力関係をフードシステムと呼ぶのではない。そうではなくて、それぞれに自立して活動している経済主体（家庭、農家、商社、製造企業等）が、人々の「食」を実現するために社会的分業のかたちで自由に協力し合っている関係の総体をフードシステムと呼ぶ。その構造の概要を示したのが図1-1である。ここでは生産者から消費者への食品の流れを加味するために矢印を記したが、図を複雑にしないために物流の担い手である運送業者（個人ではなく株式会社等の法人）と倉庫業者（保管・貯蔵を行う法人）、および金融・保険業者（銀行・保険業務に携わる法人）等は省略した。

　ただし、図だけで十分に理解することは困難なので、理解を深めることを

図1-1　フードシステムの概念図

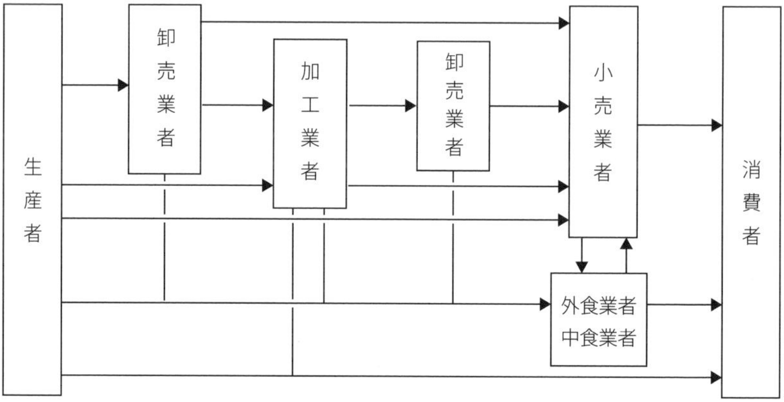

出所：筆者作成
注：1）「加工業者」には製粉、精米等の一次加工を行う企業と、菓子類、酒類等を生産する高次加工企業とがある。
　　2）「外食業者」とはレストラン等であり、「中食業者」とは持ち帰り用の惣菜、弁当等を製造する企業である。

目的に、以下では生活に身近なパンを事例として、フードシステムを生産、流通、消費の３段階に分けた上で、経済主体の活動をできるだけ実態に即してみていくことにしよう。

　まず生産段階であるが、そこでの経済主体の活動をみると、①パンの主原料である小麦を農業者（農家または農業法人で、生産者とも呼ぶ）が生産し、卸売業者等に販売する。または総合商社が小麦を輸入し、販売する。②小麦を買い受けた卸売業者は運送業者に依頼して、倉庫業者から借りた倉庫か自前の倉庫に運び込み、そこで保管するとともに販売も行う。③製粉業者（加工業者）は卸売業者または農業者・総合商社から小麦を買い受けて製粉し、保管と販売を行う。④パン製造業者は小麦粉を買い受けて、パンを製造し、販売する、等である。ここまでがパンのフードシステムの中の生産段階での活動であるが、この段階でも結構いろいろな経済主体が互いに協力し合っていることがわかる。

　次にパンの流通段階であるが、①パン製造業者は製造したパンを自らの小売店舗で、またはネット通販等を利用して消費者に直接販売する（いわゆる手作りパン屋さん）。ネット通販の場合には宅配業者に依頼する等して消費者に届ける。②パン製造業者は食品問屋や菓子問屋等と呼ばれる卸売業者や、小売業者、外食業者（レストラン等）、中食業者（惣菜製造業者等）へも販売する。配送は自社の車で行うこともあれば運送業者等に依頼することもある。③卸売業者はパンと他の食品を合わせて品揃え等を行った上で、小売業者や外食業者、中食業者に販売する。配送は卸売業者が自ら行うこともあれば、運送業者等に依頼することもある。④小売業者はパン専門店として、あるいは様々な食品を品揃えしたスーパーマーケットのような総合食料品店でパンを販売する、等である。ここでもパン製造業者とネット通販業者、宅配業者、卸売業者等々との協力関係がみられる。

　最後の消費段階では、消費者が購入して食することになるが、ここでも売買等を通して様々な協力関係が認められる。最も一般的な活動は、①消費者が小売業者からパンを購入し、自宅等で食する、であろう。これ以外では、②中食業者から直接に、あるいは中食業者から仕入れた小売店から、調理されたパン（サンドイッチ等）を購入して食する、③消費者がレストラン等の外食業者のところに出向き、食事のサービスを受けるとともに、そこで提供されるパンや調理済みのパンを食する、等である。

　以上でパンのフードシステムの中でのすべての活動を網羅できたわけではない。例えば業者間の代金決済では金融業者が介在するのが一般的であるし、運送時や保管・貯蔵時には保険をかけることもある。しかし、以上だけでも様々な多くの経済主体が協力し合っていることが理解できよう。

（2）フードシステムはなぜ必要か

　社会が発展し、都市が巨大化するにつれて、生産と消費の間の懸隔ないし距離が大きくなる。これを「生産と消費のへだたり（隔たり）」という。こ

の「へだたり」の種類として「人的へだたり（社会的へだたり）」「空間的へだたり（場所的へだたり）」「時間的へだたり」等があげられる。

　「人的へだたり」とは生産する人と消費する人が異なることである。このことは生産者（農業者、パン製造業者等）が自ら生産したもの（生産物）を所有している限り、すなわち生産者が生産物の所有権を有している限り、その生産物の消費を希望する人が、それを消費できないことを意味する。したがって、「人的へだたり」を埋めるためには、すなわち消費者が当該生産物を消費できるようにするためには、その所有権を生産者から消費者に移転させなければならない。この移転は市場経済（商品経済）の下では売買によって実現することになるが、売買をスムーズに行うためには生産者、卸売業者、小売業者、消費者等の間での信頼関係に基づいた連携が必要である。

　「空間的へだたり」とは、生産物を生産する場（地点、地理的空間）と消費する場が異なることである。例えば、愛媛県の産地で生産されたミカンが東京都内の家庭で消費される、というようなことである。この「へだたり」を埋めるためには、トラック、船（フェリーやコンテナ船）、鉄道貨車等を利用して生産物を輸送しなければならない。その際、生産者または購入者（消費者、小売業者、卸売業者等）が運送業者・宅配業者等に輸送を依頼することになる。ここでも、生産者、購入者と運送業者・宅配業者との連携が必要である。

　「時間的へだたり」とは、生産物を生産する時（年月日）と消費する時が異なることである。例えば、米の収穫は、ほとんどの場合9月から10月に行われるが、その消費は年間を通して、すなわち9月、10月はもちろんのこと、11月から翌年の8月にかけても行われる。となると、当然、長期間の保管・貯蔵が不可欠となる。その場合、生産物の一部については生産者または卸売業者が自前の倉庫で保管・貯蔵するであろうが、多くの部分については倉庫業者に依頼することになろう。しかも、長期間の保管・貯蔵となると、多大なコストがかかることから、それなりに販売先が確保されていなければ実行は困難である。生産者、卸売業者は倉庫業者や販売先と何らかのかたちで協

力関係を構築しておかなければならない。

　「生産と消費のへだたり」には上記の３つの「へだたり」以外に、さらに「情報的へだたり」[1]や「数量的へだたり」[2]等があるが、いずれの「へだたり」についても、それを埋めるため経済主体間の協力関係の構築、すなわちフードシステムが適切に機能することが必要である。

（3）フードシステムの役割

　フードシステムの役割は抽象的に表現すると「人々の命と健康を維持するための食を実現すること」であるが、これは具体的には①集荷と品揃え、②価格形成と代金決済、③需給調整との関連で捉えることができよう。

1）集荷と品揃えを可能にする協力関係

　集荷とは、産地において地元の集出荷業者（農協等）または卸売業者が生産者から生産物を集め、複数の生産者の生産物をまとめて出荷することで、個別に出荷するよりも出荷経費を削減しようとする活動である。生産物の出荷にあたっては、輸送コストを削減するために運搬用トラックの積載率を上

1）「情報的へだたり」とは、生産者側が持っている情報と消費者側が持っている情報とに差異があることである。例えば、農産物の栽培方法について農業者（生産者）はよく知っているものの、消費者がそれを知っていることはほとんどないし、また逆に消費者の嗜好（好み）を生産者は十分に知らないことが多い。栽培方法を消費者に知らせるためには、生産者側はPR会社やマスコミ等と連携することが必要になるし、消費者の嗜好を知るためには、消費者アンケート等を実施できる調査会社等と連携する必要がある。

2）「数量的へだたり」とは、生産者側で生産する数量と消費者側が必要とする数量が異なることである。一般に生産側では１生産者が同一生産物を一度に（あるいは毎日）大量に生産するのに対し、消費側では同一生産物については各消費者は日々（毎日とは限らないが）ごく少量ずつだけ消費する。この「へだたり」を解決するために、生産者は卸売業者、小売業者、倉庫業者等と連携して販売量を調整し、消費者も大量に出回って価格が安い時にはより多くを購入して自宅に保管する等、相互間の協力関係が形成されているのである。

げることが求められる。個別生産者が単独で一定規模の数量を確保できるならば、個別生産者ごとにトラックを仕立てて出荷することも可能であろう。しかし、そうでなければ、複数の生産者の生産物を集めなければならないのである。

また、品揃えとは多種多様な種類の商品（生産物）を集めることである。スーパーマーケットでは生鮮青果物だけでも200種類前後かそれ以上の商品を陳列するし、全商品となると1店舗だけで2万～4万種類あるいはそれ以上にのぼる。たとえ日本一大きな食品製造会社であったとしても、これほどの種類の商品を1社で供給することはできない。卸売段階または小売業者の仕入段階で、多数の生産者（農業者、食品製造会社等）等から仕入れて品揃えすることが必要となる。

ちなみに、卸売業者や小売業者が品揃えするにあたっては多種類の加工品も集めることになるが、その加工品を生産するために加工業者（食品製造会社）も原料の集荷・品揃えを行わなければならない。

こうした集荷・品揃えは多くの経済主体間の協力関係によって実現されることになるが、その協力関係こそフードシステムにほかならない。

２）価格形成と代金決済に基づく取引の円滑化・効率化

価格形成（値決め）で重要なことは当事者が収益・便益を増やすか否かであるが、直感的にはその高低が重視され、それによって取引行動が左右される。例えば、消費者は、小売店を訪れて買いたい商品の価格が妥当と判断すれば購入し、リピーターとなる場合もある。しかし、価格が高すぎると判断すれば、買わずに帰るか、他の店に行ってしまうであろう。また、生産者は売りたい商品の販売価格が納得できるものであれば取引を継続するか、取引量を増やすであろうが、安すぎると思えば当該価格を提示した集出荷業者や卸売業者等への売り渡しを控えてしまうであろう。

代金決済も価格形成と似た面がある。消費者が小売店で買い物をする場合、商品と引き換えに支払いをするのが普通であるが、もしも支払いをしないと

6

なると、商品を受け取ることはできないであろう。生産者、卸売業者、小売業者等の間の取引の場合も、一定の決められた期間内に代金の支払いが行われれば、取引は次回も同じような条件で継続されることになろうが、期間内に行われないと、売り手側は少なくとも銀行利息分だけ利益が損なわれることから、次回の取引で買い手側の要望を聞くのが難しくなろう。

　すなわち、市場経済の下では価格形成と代金決済を通して取引相手の重要度・信頼度を推しはかり、それによって取引相手の選択を行い、取引の円滑化・効率化を推進することになるが、それはフードシステムという様々な経済主体間の自由な協力関係の中ではじめて可能である。

3）信頼・協力関係で実現する需給調整

　需給調整を行う方法として最もよく目にするのは、価格の上下変動であろう。特に青果物等の生鮮食品の場合、供給量が多ければ価格が低下して需要量が増加し、逆に供給量が少ない時は価格が上昇して需要量が減少するという動きが明瞭に認められる。ただし、この場合、価格の変動幅は取引相手どうしが互いに納得できるものでなければならない。信頼関係・協力関係がなくなれば、上述の価格形成のところでも指摘したように、取引が成立しなくなるからである。

　価格変動以外の需給調整方法として移送や保管・貯蔵があるが、注目度はあまり高くない。しかし、価格変動と同程度、あるいはそれ以上に重要な調整方法とも考えられる。

　移送による需給調整とは、ある地域である生産物が供給過剰状態の場合、それを不足気味の地域に輸送することにほかならない。これは国内で行われるだけでなく、国際的にも輸出入として行われる。移送を行う条件として、供給過剰地域と不足気味地域の間の価格差が両地域間の運送料を上回ることがあげられる。したがって、両地域の価格と運送料に加えて、移送後の両地域での価格の予測、生産規模と生産コスト、決済期間と決済方法、取引相手との収益配分割合等々を総合的に勘案した上で、移送が実行されることにな

る。しかも、それを実現するためには売買当事者間の信頼関係・協力関係だけではなく、運送・梱包業者、金融業者、信用調査・市場調査業者等との協力関係も条件となる。

　保管・貯蔵とは、特に収穫が一定時期に限定される農産物にとって重要な需給調整方法と言える。例えば米の場合、一般に収穫時期は9〜10月に限られるが、収穫量は1年間の需要量に対応することになる。それゆえ、収穫期における米の供給は著しい過剰になる。人々の「食」を安定的に実現するためには、収穫期の過剰を解消するとともに、収穫期前の不足が起きないようにしなければならない。そのためには保管・貯蔵が不可欠なのである。この保管・貯蔵を実際に担うのは生産者・農協や卸売業者が中心になるが、それを安定的に行うためには安心して販売できる相手を確保する必要があるし、さらには国や全国組織等が全国的な範囲で過不足が生じないように調整するか、必要な情報を提供しなければならない。

　需給調整をどのような方法によって行うにしても、経済主体間の信頼と協力関係は欠かせない。すなわち、フードシステムが需給調整の実現に寄与しているのである。

（4）フードシステムにおける規模の経済

　「規模の経済」とはスケールメリットともいわれるが、通常は生産量規模が大きくなればなるほど1単位当たりの平均費用が逓減し、収益性が増すことを意味する（ただし、生産量規模が大きくなりすぎると逆の傾向となる）。簡単な例をあげると、パンを80個製造する場合と100個製造する場合とで、両方とも同じ施設で同じ従業員数で製造可能であるとすれば、需要量が増加して100個製造することができるようになると、80個の時に比べ1個当たり生産費（特に固定費）は2割ほど下がり、収益性が高まる、ということである。

　しかし、実は生産者（農業者、製造業者）の生産量が全体として増加しな

くても、生産を特定の品目に絞り込み、当該品目で生産量規模を拡大することで収益性が向上する、という意味での「規模の経済」もある。

　これが可能となる理由のひとつは「学習効果（習熟効果）」である。例えば、A企業では各従業員が各1種類の和菓子とケーキとチョコレートを、それぞれ2時間かけて20個ずつ作り、B企業では各従業員が同じ1種類の和菓子だけを6時間かけて60個作ると仮定する。つまり、A企業とB企業の各従業員は菓子作りにそれぞれ6時間を要するが、A企業の各従業員はそのうちの2時間だけを使って和菓子を20個作るのに対し、B企業の各従業員は6時間を使って和菓子だけを60個作ることになる。どちらの従業員が和菓子作りにより習熟するかというと、B企業のほうであろう。したがって、1年または2年といった一定の期間を経過した後には、同じ従業員数であれば、6時間（ただしA企業の和菓子作りの時間は2時間）のうちに作ることができる和菓子の数はB企業がA企業の3倍にとどまるのではなく、それを大きく上回ることになろう。これが「学習効果」である。

　もうひとつの理由は「改善効果」である。上記と同様にA企業の従業員が和菓子とケーキとチョコレートを、それぞれ20個ずつ作り、B企業では和菓子だけを60個作ると仮定し、さらに技術進歩によって和菓子の生産性が5％改善すると仮定する。その場合、技術進歩を取り入れると、A企業は3種類の菓子を合計で61個生産可能になるが、B企業は和菓子だけを作っているので63個の生産が可能になる。技術進歩を取り入れた場合の改善効果は、和菓子に専門化しているB企業のほうが高いのである。

　こうした理由から、フードシステムにおいては生産、製造、流通等の各経済主体が、自らの専門性を深めつつ、「規模の経済」を活かした企業活動を実現しているのである。

【課題】

1．フードシステムにおける生産から消費までの取引の流れを整理してみよう。

2．フードシステムにおけるスーパーマーケットの直接的な連携相手はどのような経済主体か。皆で議論しよう。

3．輸送技術や貯蔵技術等の物流技術の進歩はフードシステムをどのように変えるであろうか。これについても皆で議論しよう。

【参考文献】
・藤島廣二他『新版 食料・農産物流通論』筑波書房・2012年9月
・熊倉功夫編『和食―日本人の伝統的な食文化―』農林水産省・2012年
・時子山ひろみ他『フードシステムの経済学』医歯薬出版株式会社・2019年2月

2 わが国のフードシステムの現状

フードシステムは特定地域に限定されるかたちで形成されるものではなく、特定の品目だけに限って形成されるものでもない。例えば、東京都内の「食」は全国からの供給はもとより、外国からの供給も受けてはじめて実現可能であり、そこでは様々な食品のフードシステムが相互に絡み合いながら存在している。しかし、そうしたすべてを一度に取り上げることはできず、またすべてをみなければフードシステムの実際を理解できないというわけでもない。それゆえ、本章では地域を日本に限定した上で、フードシステムの実態に迫ることにしたい。

(1) フードシステムの全体像

日本国内のフードシステムは第1次産業生産者(農業者、漁業者等の農林水産物生産者)と最終消費者(家庭)、および両者の間に存在する加工業者、卸売業者、運送業者、小売業者等々の多様な経済主体から成り立っている。しかし、現実に活動している経済主体の場合、食料品の生産・加工・販売だけに、あるいは特定の一種類の業務だけに専従しているのはごく少数にすぎない。例えば、スーパーマーケットは食料品以外も販売しているし、卸売業者は運送業務や倉庫業務等も兼ねていることが多い。そのため、全国の多数の経済主体を業務ごとに明確に区分し、それらの間の連携・協力関係を的確に示すデータを収集するのは不可能と言っても過言ではない。そうした中、フードシステムの全体像を把握するのに有効なデータを提供しているのが農林水産省の「農林漁業及び関連産業を中心とした産業連関表」である。商業者(卸売業者、小売業者)、物流業者(運送業者、倉庫業者)、中食業者等の活動を十分に汲み取っているとは言い難い点等で不満はあるが、一方で農林

水産物の生産段階から最終消費段階に至るまでの各段階での投入産出額や運送費等も算出しているなど、農林水産業者から最終消費者に至るまでの加工生産等の規模や連携・協力関係を貨幣価値（金額）で把握することも可能である。

その「農林漁業及び関連産業を中心とした産業連関表」の2015年版に基づいて農林水産省が作成した図を、ほぼそのまま再現したのが**図2-1**である。ここから国内のフードシステムの全体像を大まかに把握しておくことにしたい。

まずは、フードシステムの起点とも言える「食用農林水産物の生産段階」と終点とも言える「飲食料の最終消費段階」の価値額を比較すると、起点の産出額（販売額）は11兆3,000億円（国内生産9兆7,000億円、輸入1兆6,000億）、終点の消費額（購入額）は83兆8,000億円である。両者の差額（72兆6,000億円）を算出し、そこからさらに「輸入加工食品」（7兆2,000億円）を差し引くと65兆4,000億円で、これは起点の「生産段階」後の総付加価値額にほかならないが、「生産段階」産出額のほぼ6倍に達するほどのものである。もしも、「食品加工業」や「外食産業」が今日ほどに発展していないならば、起点と終点の差額はさほど大きくはならないはずであるから、この差額の大きさはフードシステムが膨大化したことを示唆するものと言えよう。

次にそれぞれの経済主体間の連携関係をみると、食用農林水産物の国内生産者と輸入業者（海外生産者）は、合計額（11兆3,000億円）の31％（3兆5,000億円）を、卸売業者や小売業者の手を経て、または直接に消費者（家庭）に販売し、60％（6兆7,000億円）を卸売業者を経由するなどして食品加工業者に向け、残りの9％（1兆円）を外食業者に向けている。卸売業者等が介在するか否かは別にして、国内外の農林水産業者・輸入業者にとって結びつきが最も強いのは食品加工業者である。

食品加工業者と加工食品輸入業者は、加工業者どうしの取引を除くと、合計で36兆5,000億円（35,697＋7,194－4,624－1,744）を販売しているが、そのうちの81％にあたる29兆8,000億円（生鮮品等[1] 4兆6,000億円、加工食品25

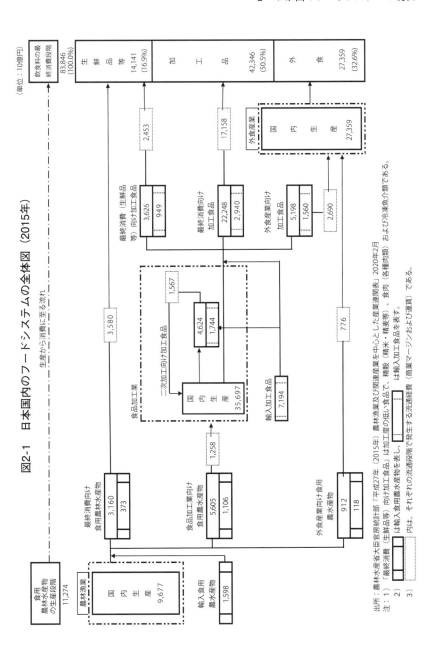

図2-1 日本国内のフードシステムの全体図（2015年）

生産から消費に至る流れ

（単位：10億円）

出所：農林水産省大臣官房統計部「平成27年（2015年）農林漁業及び関連産業を中心とした産業連関表」、2020年2月

注：1）「最終消費（生鮮品等）向け加工食品」は加工食品で、精穀（精米・精麦等）、食肉（各種肉類）および冷凍魚介類である。

　　2）「輸入加工食品」は輸入食用農水産物を表し、は輸入加工食品を表す。

　　3）　　は、それぞれの流通段階で発生する流通経費（商業マージンおよび運賃）である。

兆2,000億円）を卸売業者や小売業者を通すなどして最終消費者に販売し、残りの19％（6兆8,000億円）を外食業者に販売している。加工業者の外食業者むけ販売は増えてきてはいるが、加工業者にとって最終消費者との結びつきが依然として最も強い。ただし、両者の間の流通経費が20兆円（2,453＋17,158）にのぼることから推察できるように、両者は直結しているというよりも、卸売業者、小売業者を含めた連携関係にあるとみられる。

　最後に、外食業者は食用農水産物生産者と食品加工業者から合わせて11兆3,000億円ほど食材等を仕入れ、それに付加価値を付けて27兆4,000億円で最終消費者に販売している。最終消費者の消費額（購入額）の3分の1を占める大きさである。また、商業者や運送業者の付加価値額は細い点線で囲まれた数値であるが、これを合計すると29兆5,000億円に達する。この価値額は「食品加工業」の国内生産額を下回ってはいるものの、「外食産業」の国内生産額を上回る。商業者や運送業者が活発に活動していることを示すものと言えよう。

　以上から、日本国内のフードシステムの特徴として、①最終消費額が、起点である食用農林水産物生産段階の産出額の6倍に相当する、②食用農林水産業生産者から食品加工業者を経て最終消費者へつながる連携・協力関係が主軸、③食品加工業者から外食業者、そして最終消費者へつながる連携・協力関係が副軸、④主軸、副軸等の中で商業者や物流業者（運送業者等）の果たす役割も大きい、があげられる。

（2）日本経済の中に占める位置

　フードシステムが日本経済の中でどのような位置を占めているかは、食品

1）「生鮮品等」とは収穫時あるいは収穫後に何らの手も加えていない、本来の生鮮品だけでなく、一次加工を施した生鮮品（図2-1の「最終消費（生鮮品等）向け加工食品」に相当する）も含む。後者の生鮮品とは精穀（精米、精麦等）、各種食肉、冷凍魚介類である。

関連業務に従事している人々やこれから従事しようとする人々にとって重要な点である。そこで、その位置を把握するために作成したのが**表2-1**と**表2-2**である。

表2-1は国内総生産（GDP[2]）との比較でみたものであるが、これによれば2015年の飲食料最終消費額（**図2-1**の「飲食料の最終消費段階」の金額に同じ）はGDPの15.5％に相当する。このことは2015年1年間に日本国内で新たに生産された価値額（付加価値額）のうち15.5％が国内の消費者によって飲食料品として消費されたこと、すなわち国内で1年間に生み出された付加価値全体のうちの15.5％をフードシステムが産出したことを意味する。日本経済におけるフードシステムの産業としての重要性が理解できよう。ちなみに、家計最終消費額に占める飲食料最終消費額の割合（エンゲル係数）は23.2％で、家計支出の面からみてもフードシステムの重要度は極めて高い。

同表の二重線以下の食用農水産物国内生産額等は生産額表示で、付加価値額ではない点に留意が必要であるが[3]、それぞれの部門の規模を知る上で有

表2-1　価値額からみたフードシステムの経済的位置（2015年）

	価値額 （10億円）	GDP、家計最終消費額、飲食料消費額を 基準にした百分率		
国内総生産（GDP）	540,739	100.0		
家計最終消費額	360,751	66.7	100.0	
飲食料最終消費額	83,846	15.5	23.2	100.0
食用農水産物国内生産額	9,677	1.8	2.7	11.5
加工食品国内生産額	35,697	6.6	9.9	42.6
外食産業生産額	27,359	5.1	7.6	32.6
食用農水産物輸入額	1,598	0.3	0.4	1.9
加工食品輸入額	7,194	1.3	2.0	8.6
流通経費（商業・輸送）	29,481	5.5	8.2	35.2

出所：内閣府「国民経済計算」、農林水産省大臣官房統計部「平成27年（2015年）農林漁業及び関連産業を中心とした産業連関表」2020年2月

2）GDPは"Gross Domestic Product"の略称である。
3）「付加価値額＝売上高（生産額）－売上原価（原材料仕入費用＋機械等の減価償却分）」であるため、食用農水産物の国内生産の付加価値額を計算すると、必ず**表2-1**の「食用農水産物生産額」を下回ることになる。

表2-2　フードシステムの就業者数（2015年）

	就業者数（万人）	総就業者数等を基準にした百分率		
総就業者数	5,889	100.0		
フードシステム就業者数合計	921	15.6	100.0	
農林水産業就業者数	223	3.8	24.2	100.0
農業	201	3.4	21.8	90.1
林業	6	0.1	0.7	2.7
漁業	15	0.3	1.6	6.7
製造業就業者数	908	15.4		100.0
食品加工業	128	2.2	13.9	14.1
卸売業就業者	289	4.9		100.0
食品卸売業	56	1.0	6.1	19.4
小売業就業者	648	11.0		100.0
食品小売業	240	4.1	26.1	37.0
飲食サービス業（外食産業）就業者	274	4.7	29.8	

出所：総務省統計局「国勢調査」
注：1）食品卸売業の就業者数は薬師寺哲郎他『フードシステム入門』p.8（図1-5）より引用。
　　2）食品加工業は「国勢調査」の「食料品製造業」と「飲料・たばこ・飼料製造業」の合計。
　　3）飲食サービス業は「国勢調査」の「飲食店」と「持ち帰り・配達飲食サービス業」の合計。

用である。**図2-1**との関連でも指摘したように、最大は加工食品国内生産額で、次いで流通経費（商業・輸送）、外食産業生産額の順である。輸入額（食用農水産物輸入額＋加工食品輸入額）は食用農水産物国内生産額に匹敵するほどに大きいが、このことは食の多様性に寄与していると評価できる一方、フードシステムの海外依存度が高まるという意味では気になるところでもある。

　表2-2は就業者数からフードシステムの位置をみているが、2015年のフードシステム全体の就業者数は921万人（運輸業、宿泊業等従事者を除いているため、実際にはこれを超えるであろう）で、日本国内の総就業者数5,889万人の15.6％に相当する。先にみた飲食料最終消費額の場合とほぼ同じで、ここからも日本経済におけるフードシステムの重要性が理解できる。

　産業別にみると、飲食サービス業（外食産業等）が最も多く、全体の30％

を占める。次が食品小売業で26％、3番目が農林水産業で24％である。ただ
し、農林水産業の場合、木材生産のように非食用農林水産物を生産している
部門もあるため、実際には24％を幾分か下回るものと考えられる。これらに
対し、食品加工業はフードシステム就業者数の13.9％、製造業就業者数の
14.1％と、**表2-1**の加工食品国内生産額の大きさからみて意外と思えるほど
低い。このことより、農林水産業や食品卸小売業、飲食サービス業が労働集
約型であること、また加工食品の製造過程において機械化等によって効率化
されていることがみてとれる。

　フードシステムは、価値額と就業者数の両面からみて、食品加工業、飲食
サービス業（外食産業）、食品小売業を中心に、日本経済の中で重要な位置
を占めていると判断できる。

（3）フードシステムの構造変化

　フードシステムは多様な経済主体の連携・協力によって形成されているが、
その連携・協力関係は決して固定しているわけではない。これまで変化して
きたし、今後も変化するであろう。そこで、今後の変化も見極めるために、
これまでどのように変化して現在の状況に至ったか、についてみることにし
たい。そのために作成したのが**表2-3**である。ただし、ここでは国内食品加
工業付加価値額のように生産額から原材料費を控除した金額を示したものが
ある一方、国内農林水産業生産額のように国内に供給した食用農林水産物の
販売額を示し、生産のために使用した種苗代等を差し引いていないものもあ
る。しかし、各年とも同じ基準で計算されていることから、相互間の変化を
鳥瞰し、全体の構造変化をみるには有効である。

　同表から変化を概観すると、金額が減少傾向で構成比も低下しているのは、
国内農林水産業生産額だけである。金額は1990年の13兆2,000億円から2015
年の9兆7,000億円へ、3兆5,000億円減少し、構成比は同期間に18.3％から
11.5％へ、6.8ポイントも低下した。このことは国内の農林水産業がフードシ

表2-3 フードシステムの各種価値額等の推移

		1980年	1990年	2000年	2011年	2015年
実数 （10億円）	合計	49,191	72,124	80,611	76,204	83,846
	国内農林水産業生産額	12,278	13,217	10,245	9,174	9,677
	食用農林水産物輸入額	1,237	1,188	1,160	1,303	1,598
	国内食品加工業付加価値額	11,628	18,795	20,681	18,051	19,792
	加工食品輸入額	1,954	4,026	4,829	5,916	7,194
	食品関連流通費（商業、輸送）	13,359	21,043	27,397	26,615	29,482
	外食産業付加価値額	8,736	13,855	16,299	15,146	16,104
構成比 （%）	合計	100.0	100.0	100.0	100.0	100.0
	国内農林水産業生産額	25.0	18.3	12.7	12.0	11.5
	食用農林水産物輸入額	2.5	1.6	1.4	1.7	1.9
	国内食品加工業付加価値額	23.6	26.1	25.7	23.7	23.6
	加工食品輸入額	4.0	5.6	6.0	7.8	8.6
	食品関連流通費（商業、輸送）	27.2	29.2	34.0	34.9	35.2
	外食産業付加価値額	17.8	19.2	20.2	19.9	19.2

出所：農林水産省大臣官房統計部「平成27年（2015年）農林漁業及び関連産業を中心とした産業
連関表」2020年2月
注：各項目の金額の算出方法は以下の通りである。ただし、付加価値額は近似的な推計値である。
　　①国内農林水産業と輸入：食材として国内に供給された農林水産物および輸入食品の額
　　②国内食品加工業と外食産業：飲食料として国内に供給した額から、原料食材および流通経費
　　　を控除した額
　　③食品関連流通費：食用農林水産物および加工食品が最終消費に至るまでに発生する流通経費
　　　（商業マージン、運賃）の額

ステムの中で後退傾向にあることを示している。これは構造変化の中でも注
目すべきもののひとつである。

　国内農林水産業生産額とは逆に、金額も構成比も着実に増加したのは、加
工食品輸入額であった。1990年の4兆円から2015年の7兆円へ、2倍近くに
増加し、構成比は5.6％から8.6％へ、3ポイント上昇した。同じ期間に食用
農林水産物輸入額とその構成比および国内食品加工業付加価値額はあまり大
きな変化がなく、後者の構成比は低下さえしていることを考慮すると、農林
水産物を輸入して国内製造する形態から海外で製造し輸入する形態へシフト
してきたと言える。すなわち、フードシステムの中で加工食品の輸入業者や
海外直接投資をする製造業者が勢力を増してきたのである。国内農林水産業
の後退の裏返しにあたる変化にほかならないであろう。

　加工食品輸入額と同様に、食品関連流通費も増加傾向で、その構成比も上昇した。金額は1990年から2015年の間に21兆円から29兆5,000億円に増加し、構成比は29％から35％に上昇した。食品の流通量の増加や流通距離の遠隔化、保存期間の長期化にともない、取引額が増加したこと、それゆえフードシステムが膨大化していることを示唆している。「食」の多様化・利便化にかかわる変化と考えられる。

（4）フードシステムのリスクマネジメント

　フードシステムが安全な食品を安定的に供給するのは、大前提である。しかし、その前提を実現するためにはリスクマネジメントを適切に行う必要がある。フードシステムのリスクに関して質的リスクと量的リスクの２種類が考えられる。前者については2000年代初頭に食品安全基本法の施行や食品安全委員会の設置等で対応が進められ、後者については、食料自給率に関する議論が現在も続いている。本章の最後として、これらの２点に触れておくこととしよう。

１）食品安全リスクマネジメント

　1990年代後半に発生したO（オー）157食中毒[4]、2001年にわが国で初めて確認されたBSE問題[5]、継続的に発生している食品の産地偽装問題や鳥インフルエンザの流行など、「食」の安全に対する信頼を損なう状況が頻繁に生じ、食品の安全性に対する関心が高まった。こうしたことを契機に、2003年に食品安全基本法が施行され、食品安全リスクマネジメントの体系が形成

4）O157は腸管出血性大腸菌のことで、激しい腹痛、下痢、血便を伴う食中毒を起こす細菌である。感染症であるため、社会的な問題となることが多い。

5）BSEとは 'Bovine Spongiform Encephalopathy'（牛海綿状脳症）の略称で、狂牛病とも呼ばれる牛の感染症である。この病気にかかった牛は脳の組織がスポンジ状になり、異常行動や運動失調等を起こすため、牛肉の安全性に関して大きな社会問題になった。

された。それは食品安全委員会が担うリスク評価（リスクアセスメント）、行政機関が担うリスクマネジメント、消費者向けリスクコミュニケーション、の3つからなる。この中でリスクコミュニケーションは、食に対する安心の醸成につながるとともに、風評被害をおさえることにも役立つものである。

　フードシステムの担い手である経済主体が具体的に取り組むリスクマネジメントの手法は、行政機関が指示しているGAP（Good Agricultural Practice：農業生産の維持のための工程管理）とHACCP（Hazard Analysis Critical Control Point：危害分析で得た重要項目に基づく衛生管理）である。GAPとは農業生産段階において、食品安全、環境保全、労働安全等の持続可能性を確保するための生産工程管理の取組みであり、これによって競争力の強化、品質の向上、農業経営の改善・効率化を進め、消費者や実需者の信頼を確保するものである。また、HACCPとは加工製造・流通段階において、食品の原料を仕入れから出荷・販売に至るまでの間における微生物や異物の混入などの危険要因を特定して、食品の安全性を確保するための管理基準を明確化し、それに基づいて食品の安全・衛生管理を徹底するものである。

　ただし、リスクマネジメントを実行するにあたっての課題もある。フードシステムの生産・加工製造・流通各段階で対策を実施することによって、食品の安全性を高めることは可能であるが、この対策を充実させればさせるほどコストも増大することである。増大するコストは、農林水産物生産者、加工業者、卸売業者、小売業者、消費者等が負担することになるが、応分の負担に関する合意を得ることが極めて困難なのである。また、基準やチェック体制の整備によって食品の安全性を高めることは可能であるが、消費者に対する情報提供の仕方によっては、必ずしも「食」に対する消費者の安心が高まるとは言えないという問題もある。さらには、多段階の流通ルートが存在する場合、どこかひとつの段階で安全が損なわれると、結果として最終段階での安全も損なわれてしまうという問題がある。

　これらの課題・問題を解決しつつ食品安全リスクマネジメントを強化しなければならないことは、改めて指摘するまでもない。

2）食料供給量の安定化対策

　フードシステムにおける量的リスクは常に存在する。野菜は、毎年天候次第で豊凶が生じ、不作時の価格高騰がしばしばマスコミで取り上げられる。米でさえも1988年の不作は緊急輸入を必要とするほど大きな問題になった。しかし、食料供給量の安定化に関して最も重視すべきは自給率、すなわち輸入量の多寡の問題であろう。自給率が低く輸入量が多ければ、国の独立でさえ脅かされかねないからである。

　自給率には**表2-4**に示したように品目別自給率と総合食料自給率があり、また最近は類似のものとして食料国産率も発表されている。品目別自給率については米と大豆を例にあげたが、これは重量ベースで計算された品目ごとの自給率で、食料品全体の自給率を示すものではない。全体を示すのは総合食料自給率と食料国産率であるが、食料国産率は畜産物の輸入飼料を国産物

表 2-4　わが国の食料自給率（2019 年）

			自給率 （%）
品目別自給率	重量ベース	米	97
		大豆	6
総合食料自給率	供給熱量ベース		38
	生産額ベース		66
食料国産率	供給熱量ベース		47
	生産額ベース		69

出所：農林水産省「食料需給表」
注：①品目別自給率（重量ベース）
　　　＝国内生産量／国内消費仕向量×100
　　②総合食料自給率（供給熱量ベース）
　　　＝国産供給熱量/国内総供給熱量×100
　　③総合食料自給率（生産額ベース）
　　　＝食料の国内生産額/食料の国内消費仕向額×100
　　④食料国産率（供給熱量ベース）
　　　（計算式は②と同じ。ただし、畜産物の飼料自給率を考慮しない。）
　　⑤総合食料自給率（生産額ベース）
　　　（計算式は③と同じ。ただし、畜産物の飼料輸入額は控除しない。）

のように取り扱うため正確とは言い難い。総合食料自給率も生産額ベースの場合、大量に輸入しても価格が安ければ自給率はあまり下がらない等の問題がある。したがって、食料品全体の自給率をより正確に把握するには供給熱量（カロリー）ベースの自給率が最も妥当と言われている。

その供給熱量ベースの食料自給率をみると、2019年時点で38％にとどまる。国民１人当たりの１日の供給熱量が同年に2,426キロカロリーであることから、国産物だけで供給できる熱量は922キロカロリーと計算される。これでは我々の活動は寝ていることしかできず起きていることさえ困難になろう。

輸入が完全に途絶えてしまうことはありえないであろうが、食料輸出国が不作となった場合、自国民への供給を優先するため輸出を停止するか、停止しないまでも輸出量を削減するのがごく一般的である。友好国どうしであったとしても、その点は変わらない。もう50年ほど前になるが、1973年にアメリカが大豆の輸出を全面的に禁止したことがある。もちろん、日本向けも禁止になった。**表2-4**にもあるように日本の大豆自給率は極めて低いため、その時は大豆だけでなく、大豆加工品である豆腐等も暴騰し、「大豆ショック」といわれる大騒ぎとなった。

こうした事態を避けるためには、自給率を上げることが最も望ましいのは言うまでもない。しかし、政府はそれを重々承知しつつも、自給率の向上がなかなか進まないのが実態であろう。となると、さしあたりは輸入を前提にした上で供給を安定化する策を立てねばならない。それは輸入先の多様化と備蓄であろう。輸入先相手国を多様化しておけば、輸出を禁止する国があっても輸入量が極端に減少することはないし、備蓄があれば輸入が途絶えてもしばらくの期間は持ちこたえられるからである。もちろん、どちらか一方ということではなく、国際関係やコストも勘案しながら輸入先の多様化と備蓄をどのように組み合わせるかを検討する必要があろう。

【課題】

1．皆さんや皆さんの家族はフードシステムにどのようにかかわっているかを整理してみよう。

2．大学の食堂はフードシステムの中のどこに位置するかを考えてみよう。

3．食品の安全は絶対に必要であるが、その安全を確保するためにどのような費用がかかるかを皆で議論しよう。

【参考文献】

・高橋正郎他『食料経済（第5版）フードシステムからみた食料問題』オーム社・2016年
・中嶋康博『食品安全問題の経済分析』日本経済評論社・2004年
・薬師寺哲郎他『フードシステム入門』建帛社・2019年4月

3　グローバル化したフードシステム

　貿易の自由化は、1980年代から1990年代にかけて行われたウルグアイラウンド[1]や1990年代のWTO[2]設立等を契機に徐々に進み、その後もTPP、RCEP、日英FTA[3]等の地域間・二国間通商交渉によってさらに推進された。その結果、当然、多くの国々において経済活動は国内や周辺地域等にとどまらず、著しいグローバル化が進んでいる。食料の生産・流通・消費も同様で、今や多数の国々のフードシステムはそれぞれの国の境界を超えている。本章では、そのことを日本の食料輸出入の増加や食品関連企業の海外進出状況等からみていくことにしよう。

（1）グローバル化の全面的展開へ

　農林水産省の資料によれば、現在、世界の農産物の貿易率（輸出量／生産量×100）は大豆で3割、小麦で2割である。石油の6割、乗用車の5割に比べると決して高くはないが、各国政府は、自国内で生産された農産物等の食料供給において国内需要対応を優先することから判断すると、意外と高く、

---

1) ウルグアイラウンド（Uruguay Round）はGATT（General Agreement on Tariffs and Trade）体制の下で行われた多国間貿易交渉である。第1回目の交渉が1986年にウルグアイで行われたことからウルグアイラウンドと呼ばれる。
2) WTO（World Trade Organization：世界貿易機関）は自由貿易を推進するための国際機関で、1995年1月1日に設立された。
3) TPPはTrans-Pacific Partnership（環太平洋パートナーシップ）の略称、RCEPはRegional Comprehensive Economic Partnership（地域の包括的経済連携）の略称、そして日英FTAはthe Japan-UK Comprehensive Economic Partnership Agreement（日英包括的経済連携協定）の略称で、いずれも貿易の自由化を推進するための多国間または2国間の連携協定である。

フードシステムのグローバル化が進んでいるとも言える。しかし、輸出入量や自給率は国ごとに大きく異なるため、各国を一律に論じることはできない。ここでは日本のグローバル化に注目することにしたい。

1）一部品目から多数品目の輸入増へ

　日本のフードシステムのグローバル化に関する指標として、輸出は重要であるが、より重視すべきは輸入であろう。農林水産省「食料需給表」によれば、2019年の輸入量は穀類の2,477万トンを筆頭に加工食品も含む全食料品の合計で5,486万トン、50年ほど前の1970年（2,697万トン）の２倍以上にのぼる。しかも、同じ2019年の国内生産量（5,470万トン）をも上回るほど多い。また、同省「平成27年（2015年）農林漁業及び関連産業を中心とした産業連関表」によれば、2015年の生鮮食品と加工食品を合わせた輸入額は８兆8,000億円で、これは同年における食用農水産物の国内生産額（９兆7,000億円）よりもわずか１割少ないだけにすぎない。現在では輸入がいかに膨大であるかが理解できよう。ただし、これまでの輸入量等の推移をみると、すべての品目が一様に増加してきたわけではない。品目によって輸入量等の変化にハッキリとした違いが認められる。そのことを明らかにする目的で、６品目（小麦、野菜、果実、肉類、牛乳・乳製品、水産物）を対象に輸入量の推移を示したのが**図3-1**である。ここから次の３点を読み取ることができる。

　第１は、1970年代半ばまでに、他の品目に先駆けて小麦の輸入量が大幅に増加したことである。1960年の266万トンから1975年には572万トンと、２倍以上に増加した。しかも、1975年の輸入量は同年の国内生産量（24万トン）の24倍に達した。輸入先はアメリカを中心に、カナダ、オーストラリア、ロシア（旧ソ連）等である。ちなみに、1960年代、1970年代に輸入が増大した品目には、小麦以外にトウモロコシと大豆があげられるが、いずれも主要な輸入先はアメリカである。

　第２は、小麦以外の品目の場合、1980年代半ばから1990年代半ばにかけて輸入が急増したことである。特に目立ったのは水産物であるが、1984年の

図3-1　農水産物の品目別輸入量の推移

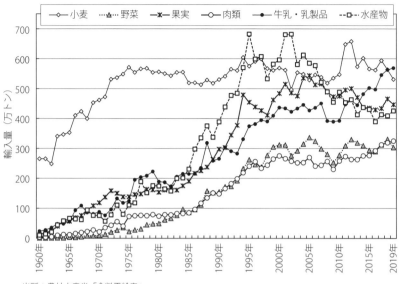

出所：農林水産省「食料需給表」

201万トンから1995年の683万トンへ、わずか10年間で500万トン近く増え、
3倍以上に伸びた。増加幅が比較的小さかった肉類でも1985年の85万トンか
ら1996年の257万トンへ、3倍に増加した。なお、水産物の輸入先は、チリ、
アルゼンチン、ノルウェー、台湾、韓国、ベトナム、インドネシア等々と、
実に多様である。

　第3は、最近において牛乳・乳製品と肉類で増加傾向が認められることで
ある。21世紀に入ってから水産物と果実は減少傾向に転じ、野菜と小麦は横
ばい傾向のままであるが、牛乳・乳製品は2009年の390万トンから2019年の
569万トンへ増加し、肉類は同期間に231万トンから325万トンへ増加した。

　以上のように、1970年代半ばごろまでは小麦等のごく少数の品目を中心に
輸入が増加し、1980年代半ば以降は多様な品目で輸入が大幅に増加した。21
世紀に入ってからは輸入が減少傾向に転じた品目もあるものの、牛乳・乳製
品等では継続的な増加傾向も認められ、輸入量全体でみると現在、国内生産

量を上回るほどに多い。

2）多種類の食料自給率の低下

　国内の食料消費に占める輸入の割合をみる指標として、食料自給率がある。食料自給率が高いほど輸入の割合は低く、逆に自給率が低ければ輸入の割合が高い。ただし、自給率の定義は１種類だけではない。食料全体の自給率を表す総合食料自給率、品目ごとの自給率を表す品目別自給率、そして総合自給率と同様に食料全体の自給率を表す食料国産率がある。しかも、総合食料自給率と食料国産率には、さらに供給熱量ベース（カロリーベース）と生産額ベースの２種類がある。なお、総合食料自給率と食料国産率の違いは牛や鶏等の飼料の輸入分を含めて計算するか否かである。例えば、牛肉の場合、国内で牛を肥育したとしても輸入飼料相当分については輸入とみなして計算するのが総合食料自給率で、国内で肥育した牛の肉は輸入飼料を与えていたとしてもすべて国産とみなして計算するのが食料国産率である。

　これらの多種類の食料自給率を一括して示したのが**表3-1**である。これによれば総合食料自給率、食料国産率とも、供給熱量ベース、生産額ベースのいずれであっても、ほぼ一様に低下傾向で推移している。この中で総合食料自給率よりも食料国産率の方が常に比率が高いのは、後者の場合、輸入飼料を与えた牛を国産とみなすからであり、生産額ベースの方が供給熱量ベースより高いのは、例えば同じ牛肉であっても品質等の違いで国産品の方が価格が高いからにほかならない。したがって、比率が最も低いのは供給熱量ベースの総合食料自給率で、2018年には37％にすぎなかった。今や、日本人が１日に摂取する熱量（2,430キロカロリー）の３分の２近くを外国からの供給に依存している。

　一方、品目別自給率をみると、輸入量が多かった小麦は1965年が28％、1975年が４％と、もともと驚くほど低率であった。他の品目の場合、1985年までは80％前後か、それ以上と、比較的高い自給率であったが、それ以後、大きく下げてしまった。例えば水産物は1985年の93％から2005年の51％へ、

表3-1　食料自給率の種類と推移

（単位：%）

	総合食料自給率		食料国産率		品目別自給率（重量ベース）					
	供給熱量ベース	生産額ベース	供給熱量ベース	生産額ベース	小麦	野菜	果実	肉類	牛乳・乳製品	水産物
1965年	73	86	76	90	28	100	90	90	86	100
1975年	54	83	61	87	4	99	84	77	81	99
1985年	53	82	61	85	14	95	77	81	85	93
1995年	43	74	52	76	7	85	49	57	72	57
2005年	40	70	48	73	14	79	41	54	68	51
2015年	39	66	48	70	15	80	41	54	62	55
2018年	37	66	46	69	12	78	38	51	59	55

出所：農林水産省「食料需給表」
注：1）①総合食料自給率（供給熱量ベース）＝国産供給熱量/国内総供給熱量×100
　　　②総合食料自給率（生産額ベース）＝食料の国内生産額/食料の国内消費仕向額×100
　　　③食料国産率（供給熱量ベース、生産額ベース）
　　　（計算式は①、②と同じ。ただし、畜産物の飼料自給率を考慮していない。）
　　　④品目別自給率（重量ベース）＝国内生産量／国内消費仕向量×100
　　2）各年は暦年（1月～12月）ではなく、年度（4月～翌年3月）である。

42ポイントも下げ、果実も同期間に77％から41％へ、36ポイントも下げた。まさに先にみた輸入の急増によるものにほかならない。しかも、輸入量が減少した水産物、果実とも、自給率は低下したままで上昇に転じていない。すなわち、国内の生産量が増えたことで輸入量が減ったのであれば自給率が上昇するはずであるが、そうなっていないことから、国内の需要量の減少で輸入量が減少したのである。

　こうした輸入量と自給率の状況から判断するならば、日本のフードシステムのグローバル化は1970年代半ばごろまでに一部の品目を中心に始まり、1980年代半ば以降は食料全体としてはもちろんのこと、品目別でも輸入量の大幅な増加と自給率の著しい低下というかたちで本格化した、と言えよう。

（2）グローバル化を引き起こした要因

　なぜ国内生産量を超えるほど輸入量は増加したのであろうか。これには少なからぬ要因が考えられよう。例えば、第二次世界大戦後の輸入量の増加は

外地からの引揚げ者の増加や年間200万人を超えたベビーブーマーによる需要増加の影響を受けたとみて間違いないであろうし、1980年代以降の輸入増加は生産者の減少や高齢化による国内生産力の低下に一因があることも間違いないであろう。しかし、小麦の輸入増加が先行したことや、1980年代半ば以降、多様な品目の輸入が増加したことについては、以下に述べる3要因が主なものであったと考えられる。

1）食生活の洋風化

　第1の要因は、一言でいえば“食生活の洋風化”である。ただし、これは当初はアメリカによって進められたものであった。

　第二次世界大戦後、食料難の日本にアメリカの救済組織LARA（ララ）[4]が小麦と脱脂粉乳を無償提供したことは有名である。しかし、実は1951年サンフランシスコ平和条約の締結後、日本が独立したことで無償提供は終了し、代わってアメリカ政府が中心となるかたちで1954年農産物貿易促進援助法（Agriculture Trade Development and Assistance Act）に則って余剰農産物である小麦の日本向け販売が推進された。

　同法の下で日本はアメリカ産農産物を日本円で輸入でき、しかも国民に販売した後の代金は即座にアメリカに払わずに、経済復興に利用することができた。そのため日本政府はアメリカからの農産物輸入に力を入れ、学校給食を「パン＋マーガリン＋牛乳（脱脂粉乳）」で定番化するとともに、家庭へのパン食中心の洋食の普及を目的にキッチンカーを全国に走らせた。

　このように進行した“食生活の洋風化”によってパンの需要が増え、1960年代、1970年代にかけてアメリカからの小麦輸入が増大した。その後、輸入の自由化が進み、学校給食で育った人々が増えるにつれて、次第にマーガリンがバターやチーズに代わり、さらに魚食から肉食へとシフトしたこと等によって、最近の牛乳・乳製品や肉類の継続的な輸入増加に結びついたと考え

4）LARAはLicensed Agency for Relief on Asiaの略称である。

られる。

2）海上コンテナの普及

　第2の要因は、海上コンテナに代表される輸送技術の開発・向上と普及である。

　日本で海上コンテナ輸送が始まったのは1968年で、1970年代以降、急速に普及した。しかも、1980年代に入るとリーファーコンテナと呼ばれる冷蔵冷凍コンテナの利用も始まった。このコンテナは庫内温度を＋25℃から－25℃の間に設定することが可能で、湿度を高く保つこともでき、さらにCA（Controlled Atmosphere）貯蔵機能やエチレン除去機能も付加できるものであった。CA貯蔵機能とは、例えば庫内の酸素濃度を3％、二酸化炭素濃度も3％とすることで生鮮野菜等の代謝作用を抑制し、鮮度を保持するというものである。またエチレン除去機能とは、果実等の老化や品質劣化を引き起こすエチレンを取り除くことで鮮度を保持するものにほかならない。

　こうした輸送技術の開発・向上・普及によって、従来極めて困難であった生鮮野菜や冷凍食肉等の長距離船舶輸送が容易になった。実際、1970年代ごろまではタマネギのようなごく一部の品目を除くと生鮮野菜等の輸入は不可能と思われていた。そのため、当時の政府はタマネギ以外の生鮮野菜については関税を課すことさえ考えていなかったのである。

　海上輸送に加えて、航空輸送も進歩した。それは1970年代に相次いだジェット機の大型化である。当時登場したボーイング747は"ジャンボ"の愛称で親しまれたが、その名のとおり巨大なジェット機で、最大乗客数は500人に達するほどであった。それまでの大型機の最大乗客数は200人であったから、一気に2倍以上に大型化したことになる。当然、積み込むことができる貨物量も大幅に増え、緊急需要に対応するための輸送も容易となった。

　これらの結果、1980年代以降、従来の穀類や大豆、あるいは常温輸送が可能な加工品に加えて、生鮮品や冷凍品であっても大量に運ぶことができる時代になったのである。

3）G5による大幅な円高

　第3の要因は、1985年9月のG5（Group of Five）会合を契機とした円高である。

　G5とは現在のG7やG8に相当するもので、当時の主要5カ国（日本、アメリカ、イギリス、フランス、西ドイツ）の財務相・中央銀行総裁が集まって議論する場である。これが1985年9月にアメリカ・ニューヨーク市のプラザホテルで開かれ、当時問題となっていたドル高を是正するために協力し合うことに合意した。世にいうプラザ合意である。

　この合意に基づく5カ国の協力によって、驚くほどのドル安円高が進行した。プラザ合意直前における円の対ドル為替レートは1ドル240円ほどであったが、1995年4月19日には東京外為市場で一時、1ドル79円75銭を記録した。10年ほどの間にドルに対する円の価値は3倍に急騰したのである。

　円高によって輸入品の価格は、当然、顕著に低下した。例えば輸入冷凍バレイショの場合、1985年のプラザ合意前の1キログラム当たり203円から1995年の102円へ、半値にまで低下した。その結果、国産冷凍バレイショの3分の2以下の価格となり、輸入物の有利性が格段に増した。

　すなわち、1970年代から1980年代にかけての輸送技術の進歩に、1985年9月以降の円高が重なったことによって、1980年代半ば以降、多様な食料品の輸入が急増したと言えよう。

（3）輸出と海外への進出

　日本のフードシステムのグローバル化は輸入を中心に進んできたが、最近は政府が農林水産物の輸出支援に乗り出すとともに、民間企業も輸出と海外進出に力を入れている。まだ限られた規模にとどまっているが、将来的には伸びる可能性を秘めている。ここでは輸出と海外進出についてみることにしたい。

1）輸出額は9,000億円超

　第二次世界大戦後、食料不足ということもあって、日本政府は農林水産物輸出に積極的ではなかった。しかし、食料自給率が20世紀末以降、4割前後で低迷し、かつ生産者の高齢化等による生産力の一層の低下が危惧されたこと等から、21世紀になると国内生産力の強化の一環として農林水産物輸出にも力を入れ始めた。その結果、最近は輸出の増加傾向が顕著である。そのことを農林水産省が公表しているデータで示したのが**図3-2**である。

　同図によれば、農林水産物の総輸出額は2012年の4,500億円から2020年の9,200億円へ、わずか8年ほどの間に2倍以上に増加した。2020年における政府の目標輸出額は1兆円[5]であったから、それを幾分か下回ったものの、堅調な推移と言えよう。ただし、輸出品目の中には真珠、たばこ、植木、丸

図3-2　農林水産物輸出額の推移

出所：農林水産省資料（原資料は財務省「貿易統計」）

5）現在、政府は農林水産物の輸出額目標として、新たに「2030年までに5兆円」を掲げている。

太等々の食料品以外も含まれ、それらの合計額は2020年に715億円で、総輸出額の8％弱ほどあった。

　輸出先国・地域をみると近場のアジア向けが多い。2020年の輸出先では第1位が香港で2,061億円、輸出総額の22％を占め、第2位が中国、1,639億円、18％と、両者で農林水産物総輸出額の4割に達した。ちなみに、第10位までに台湾、ベトナム、韓国、タイ、シンガポール、フィリピンのアジア6カ国が入り、8カ国・地域の合計で6,471億円、70％を占めた。しかし、アジア地域以外でもアメリカ1,188億円（総輸出額の13％）、オーストラリア164億円（2％）、EU488億円（5％）と、輸出先範囲はかなり広域に達している。また、現在では輸出拡大のため、イスラム教徒のハラール対応やユダヤ教のコーシャー対応のような特定の食品やその食べ合わせを避けることへの対応力を強化している企業も少なくない。

　確かに現時点では輸出規模は輸入規模より小さく、国内生産のごく一部で行われているにすぎないものの、アジア向けを中心に輸出面でのフードシステムのグローバル化が着実に進みつつあることは間違いない。

2）民間企業等の海外展開

　近年、輸出の増加に対応する等の点で海外に進出する（例えば、海外に工場を建設する、お店を開店する）企業や個人、あるいは海外での事業を強化する企業も増加傾向にある。

　食品製造業の場合、醤油のトップメーカーであるキッコーマン㈱は早くも1957年にはアメリカに進出していたが、1972年に醤油やテリヤキソースの現地生産を開始し、さらに2017年には海外のハラール認証を取得してハラール商品の生産も手がけ、同社の醤油は2019年に大阪で開催された「G20大阪サミット2019」でも卓上醤油として使用された[6]。ヤクルト㈱やキューピー㈱

6）キッコーマン㈱ホームページ「企業情報、海外への展開」https://www.kikko-man.com/jp/corporate/about/oversea/index.html

等の食品メーカーも、マレーシア、インドネシア等へ進出する中でハラール認証を取得する等、世界の多様な消費者への供給力の強化を進めている。

　食品小売業でも海外進出が増え、外国で多数の店舗を展開している企業が少なくない。例えばイオン㈱は現在、系列店を含め日本以外で19,094店舗を展開し[7]、ファミリーマート㈱は8,214店舗を展開している[8]。これらの小売業者の海外展開と相まって、物流業者である日本通運㈱もハラール食品とそれ以外の食品の混載を避けるための専用のトラックを利用する等、海外対応を念頭に事業の強化を図っている。

　製造業や小売業以上に海外進出が著しいのは外食業である。個人が単身で海外で開店しているのも多いが、企業の海外進出も多い。例えば、味千ラーメンで有名な重光産業㈱はアジアはもとより、アメリカ、カナダ、オーストラリア等に進出しているし、牛丼店を展開している㈱吉野家ホールディングスや、丸亀製麺やとりどーる等の本部である㈱トリドールホールディングスも、アジアをはじめとする多様な国々に進出している。現在の海外店舗数は重光産業㈱や㈱吉野家ホールディングスがそれぞれ500店舗以上、㈱トリドールホールディングスが100店舗以上になるほどである。今日ではアジアはもとより、南北アメリカ大陸、ヨーロッパ、オーストラリア、アフリカのいずれに行っても、ラーメン等の日本食を食べることができると言っても過言ではない。

　こうした食品製造業、小売業、外食業の海外展開は日本のフードシステムと海外のフードシステムの重なりを意味するものであるが、いずれにしても日本のフードシステムからみればグローバル化が進展していることを示すものと言えよう。

7）イオン㈱ホームページ「会社案内2020へ世界へ広がるグループp.2」https://
　www.aeon.info/wp-content/uploads/sustainability/images/report/2020/pam-
　phlet2020.pdf
8）ファミリーマートホームページ「沿革、企業情報」https://www.family.co.jp/

【課題】

1．日本のフードシステムのグローバル化をみる上で、なぜ輸出よりも輸入を重視すべきなのか。その理由について考えてみよう。

2．身近な輸入食品を取り上げ、その生産国を調べてみよう。

3．農林水産物の輸出を拡大するためには何をなすべきか。皆で議論しよう。

【参考文献】
・青木ゆり子『日本の洋食』ミネルヴァ書房・2019年 7 月
・藤島廣二『輸入野菜300万トン時代』家の光協会・1997年 7 月
・農林水産省『食料・農業・農村白書（令和元年版)』農林統計協会・2019年

4 農産物の生産システム

フードシステムの起点のひとつである「農業」は、『広辞苑（第7版）』によれば、「地力を利用して有用な植物を栽培耕作し、また、有用な動物を飼養する有機的生産業」と定義される。これは換言すれば、人間が働きかけることで植物が土地を基盤に水や養分、太陽光等を利用して光合成を行い、人間に有用な植物体になることにほかならない。それゆえ、農業は工業に比較して生産面で気象条件や土地条件の影響を受けやすく、地域や時期等に応じて作物の種類や生産量、収穫期間等が大きく異なるという特徴がある。本章では、そうした特徴を有する農業が日本国内においてどのような規模で、どのような仕組みで行われているか等を明らかにしていきたい。

（1） 農地および作付延べ面積の減少

まず初めに、日本の農地の状況について**図4-1**に基づいて確認してみよう。同図の耕地（日本では農地は耕地とほぼ同義語）面積をみると、1960年の607万ヘクタールから一貫した減少傾向で、2016年には447万ヘクタールとなった。この減少は主として農地が住宅地や商・工業地、さらには交通インフラに転用されることで引き起こされており、農業の生産基盤を縮小させる一因となっている。図示していないが耕地面積は1950年代末ごろまではほとんど減少することなく推移してきたことから、1960年代以降の明白な減少は高度経済成長に伴う土地需要の増大によってもたらされたものと判断できる。なお、日本の農業は稲作（米生産）のウェイトが高く、それは耕地の利用にも現れている。総耕地面積447万ヘクタールのうち野菜作等に利用する普通畑115万ヘクタール25.7%、樹園地29万ヘクタール6.4%、牧草地60万ヘクタール13.5%に対し、稲作用の田は243万ヘクタール54.4%と、半分以上を占める。

図4-1　耕地面積・作付（栽培）面積・耕地利用率の推移

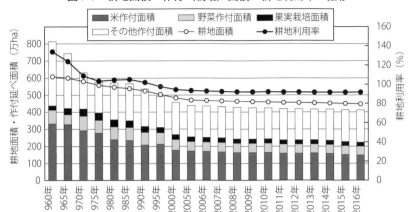

出所：農林水産省「耕地及び作物面積統計」
注：耕地利用率＝作付延べ面積／耕地面積×100

　実際に作物が作付けされた面積である作付延べ面積（作物種類別作付栽培面積の合計）も減少傾向で、その減少幅は耕地面積の減少分を上回る。特に米の作付面積の減少が著しい。主な理由として、1960代後半以降に実施された生産調整政策[1]等による米生産の抑制と、米を収穫した後の田において再び米を生産する二期作、あるいは麦類を生産する二毛作が少なくなったことがあげられる。米や麦類だけでなく、野菜と果実[2]についても近年は縮小傾向がみられる。このため、作付延べ面積を耕地面積で割ることで算出される耕地利用率も低下傾向で推移し、1960年の133.9％から1990年代前半には100％を割り、2016年には91.7％にまで低下した。耕地利用率の低下は、農業生産の基盤である農地が効率的に利用されなくなりつつあることを意味

1）米の生産調整政策とは、国内における米の過剰を理由として、1969年から2018年の間に実施された米の作付抑制や他品目への作付転換を誘導する政策である。
2）果樹は1961年に制定された農業基本法において選択的拡大品目とされ、その生産拡大が奨励されたが、その後は過剰に転じ、1980年代以降の作付面積は縮小傾向で推移している。

する。

　農地の減少や利用率の低下に加えて、近年は耕作が放棄され、農地として
利用されない荒廃農地も増加している。農地は継続的に耕作が行われるか、
耕作されないまでもしっかりと管理されることによって農地としての機能が
維持されるが、長期間にわたって放棄されるとその再生は難しくなる。2017
年の時点で、荒廃農地の中で再生利用可能な農地9万2,000ヘクタールに対し、
再生利用困難な農地は19万ヘクタールと、前者の2倍以上にのぼった。しか
も、2017年に行われた荒廃農地の再生は1万1,000ヘクタールに過ぎず、再
生利用可能農地であっても再生は容易ではない。このような事実は、統計上
農地としてカウントされていても、実質的には農地として機能できないもの
が含まれていることを意味し、農業基盤の脆弱化は統計データ以上に進んで
いるとみなければならない。

（2）農業生産の担い手の変化

　日本には2015年の段階で215万戸の農家が存在していた[3]が、実際に農業
を担う農業就業人口[4]と基幹的農業従事者[5]の推移を確認すると図4-2の
とおりである。農業就業人口は2000年の段階で389万人であったが、2019年
には168万人と、この19年間で半分以下にまで減少した。ちなみに、1960年
の農業就業人口は2000年の4倍近い1,454万人であったことから、これまで
ほぼ20年ごとに半減してきたと理解できる。この減少は経済成長に伴って第
1次産業から第2次および第3次産業へ就業人口がシフトすること[6]によ
るものである。この減少とともに、農業就業者の高齢化も進行した。平均年

3）農林水産省「農業構造動態調査」による。
4）農業就業人口とは、15歳以上の農家世帯員のうち調査期日前1年間に農業の
　　みに従事した者、または農業と兼業の双方に従事した者のうち、農業の従事
　　日数の方が多い者を意味する。
5）基幹的農業従事者とは、農業就業人口のうち普段の状態が主に自営農業に従
　　事する者を意味する。

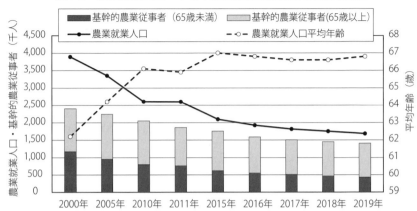

図4-2　農業就業人口・平均年齢と基幹的農業従事者数の推移

出所：農林水産省「農林業センサス」、同「農業構造動態調査」

齢を算出すると、2000年の62.2歳から2019年の66.8歳へ、今世紀に入って4.6歳の増加である。

　農業の中心的な担い手である基幹的農業従事者についても同様の傾向が認められる。2000年の同従事者は240万人であったが、2019年には140万人と、6割弱にまで減少した。もちろん、高齢化も進み、若手の減少が著しい。2019年の基幹的農業従事者のうち65歳未満の比率は25.3％で、これは農業就業者の30.3％を5ポイントも下回る。

　このように農業就業人口や基幹的農業従事者が減少・高齢化する一方で、農家の経営規模の拡大[7]や機械化が進行し農業生産力の拡充が図られた。それでも前節での荒廃農地の拡大等も併せて考えるならば、担い手の構造変化は日本農業の現状や将来に大きな課題があることを示唆している。特に基

6）経済成長につれて産業別労働者の構成比率は第1次産業よりも第2次産業において、さらに第3次産業において高くなるが、この現象は「ペティ＝クラークの法則」として明らかにされている。

7）農林水産省「農業構造動態調査（長期累年）」によれば、販売農家の1戸当たり平均経営耕地面積は1960年の1.1ヘクタールから2019年の2.5ヘクタールへ、60年ほどの間に2倍以上に拡大した。

幹的農業従事者の高齢化は、近い将来、担い手の大量リタイヤに結びつく可能性が高く、農業生産の継続性という意味で重大な懸念材料である。

（3）農業経営の組織化の展開

　過去において農業の担い手は主として「農家」という概念で捉えられてきたが、農業の担い手の減少や荒廃農地の増大を背景に推進された行政支援等の結果、近年は農業法人等の組織体による経営が拡大しつつある。

　ここで農業法人について確認すると、同法人は農事組合法人と会社・団体等に大別される。このうち農事組合法人は農業協同組合法に基づいて設立され、「農業生産についての協業を図ることにより、その共同の利益を増進することを目的とする[8]」ものである。一方、会社・団体等については、株式会社等多様な組織形態で設立される。また、法人の農業参入を容易にするため2009年と2015年に農地法[9]が改正され、法人が農地を利用・所有するに際して求められる要件が緩和された。

　図4-3は農業経営体のうち組織経営体[10]に限って、その数の推移を示した。直近である2017年の状況から確認すると、農事組合法人が7,600（組織経営体の21.4％）であるのに対し、会社[11]は14,100（同39.7％）と最も多く、それ以外では各種団体2,800（同7.9％）、その他法人[12]1,000（同2.8％）である。

8）農業協同組合法第七十二条の四による。
9）農地法は1952年に制定されたが、戦後の農地改革の成果を固定化するため、同法では「農地耕作者主義」（農地の所有と利用は耕作者に限るという考え）が採用され、株式会社のような法人が農業に参入することは不可能であった。しかし、2009年と2015年の2度の改正によって、「農地耕作者主義」が改められる等、法人の農業参入が容易になった。
10）組織経営体とは統計用語のひとつで、農業経営体のうち株式会社や農事組合法人といった、家族経営体でない経営体を意味する。
11）会社形態の農業経営体には、株式会社、有限会社、合名会社および合資会社が含まれる。
12）その他法人の農業経営体には農業協同組合も含まれる。

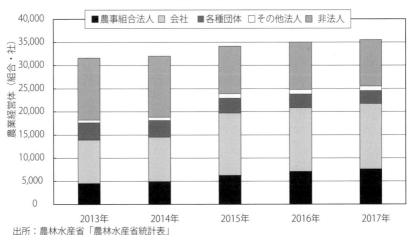

図4-3　農業経営体（組織経営体）数の推移

出所：農林水産省「農林水産省統計表」

また、組織的な生産活動を行っていても法人化していないものが10,000（28.2％）ほど存在する。

これを2013年と比較すると、農業経営体数は全体で3,900の増加となるが、これは主に会社（＋4,700）と農事組合法人（＋3,100）の増加によってもたらされた。一方、経営体数が減少したのは非法人で、この間に3,400の減少である。その理由は組織形態を会社等に転換させたことによるとみられる。

農業法人の中には１戸１法人のように実質的には農家と変わらないものも含まれているが、株式会社のように多数の従業員を雇用しているケースも多い。それゆえ、非農家出身であっても農業法人に就職することで農業に従事することができる。先にみたように農業就業人口が大きく減少し、高齢化が進行する局面においては、農業法人の設立は農業再生に向けたひとつの方向になると考えられ、今後、その成長・拡大が期待される。

（4）農産物の都道府県別生産・出荷状況

表4-1は農業産出額[13) について取りまとめたものである。耕種だけでな

表4-1　品目別農業産出額と上位10都道府県（2017年）

(単位：億円)

	農業産出額		耕種		米		野菜		果実		その他	
全国計		92,742		59,605		17,357		24,508		8,450		7,188
第1位	北海道	12,762	北海道	5,483	新潟	1,417	北海道	2,114	和歌山	816	北海道	2,029
第2位	鹿児島	5,000	茨城	3,549	北海道	1,279	茨城	2,071	青森	790	鹿児島	745
第3位	茨城	4,967	千葉	3,265	秋田	1,007	千葉	1,829	山形	705	愛知	642
第4位	千葉	4,700	愛知	2,333	茨城	868	熊本	1,247	長野	625	千葉	525
第5位	宮崎	3,524	熊本	2,241	山形	850	愛知	1,193	山梨	595	茨城	477
第6位	熊本	3,423	青森	2,188	宮城	771	群馬	997	愛媛	537	静岡	434
第7位	愛知	3,232	長野	2,145	福島	747	埼玉	968	熊本	318	沖縄	329
第8位	青森	3,103	山形	2,068	千葉	732	栃木	876	静岡	302	福岡	326
第9位	栃木	2,828	新潟	1,970	栃木	641	長野	840	岡山	280	熊本	296
第10位	岩手	2,693	福岡	1,785	岩手	561	福岡	794	福島	250	長崎	263

出所：農林水産省「農林水産省統計表」

く畜産や加工農産物も含めた農業総産出額は9兆2,742億円で、このうち耕種が5兆9,605億円64％を占める。以下においては、耕種部門のなかから米、野菜および果実について、主要な生産県や生産・出荷の特徴を確認しよう。

1）米

米は日本人の主食であるが、1960年代後半以降、国民1人当たり消費量の減少や生産調整政策等によって生産量は経年的に減少してきた。しかし、現在でも米の総産出額は1兆7,357万円（2017年）と大きく、耕種部門では野菜に次ぐ位置を占める。

米の生産（米作）は全国各地で行われているが、典型的な土地利用型農業であることから、主要な産地は新潟県、北海道、秋田県、茨城県、山形県、宮城県、福島県等で、北日本地域が中心である。これらの主要産地で生産された米は「銘柄米」として、産地名と品種名を冠したブランド品となって流通するケースが多い。

米作には育苗、田植え、農薬散布、収穫等の諸作業があるが、早くから機械化が進められ、1980年代には一連の作業の機械化一貫体系がほぼ確立した。

13) 農業産出額とは、農業生産活動によって生産された米、野菜、果実等の販売額（税金や費用を差し引く前の生産者の収入額）を意味する。

その結果、作業時間の短縮によって農家の兼業化が容易になる一方、農地の借入や田植え・収穫等の作業受託によって大規模な生産を行う集落営農組織が広範に設立される等、稲作経営の規模拡大も急速に進展した。

また、米は収穫後に乾燥・調製作業が必要となるだけでなく、収穫が年1回であるため産地段階において長期間にわたる保管が行われるケースが多い。そのため、農業協同組合（「農協」または「JA」とも称する）等の出荷団体が米を大量に集荷・保管し、逐次出荷する傾向が強い。

2）野菜

野菜は、大都市を取り巻く都市近郊地域で盛んに生産される傾向が強く、現在においても都市の周辺地域では野菜生産が広範に展開されている。しかし、1960年代後半以降、野菜生産安定出荷法（1966年制定）に基づいた農業協同組合主導の園芸産地の育成や国による農協集出荷施設等への補助に加えて、高速道路等の交通インフラの整備、さらには都市部における卸売市場の整備もあって、都市から離れた地域での野菜生産の形成も進んだ。

先の**表4-1**に示したように、2017年の野菜産出額は2兆4,508億円であるが、その都道府県別産出額から主要産地をみると、第1位は北海道、第4位熊本県、第9位長野県で、これら3道県は大消費地から離れた主要産地である。一方、第2位茨城、第3位千葉、第6位群馬、第7位埼玉、第8位栃木の5県は関東圏内に位置し、首都圏の膨大な消費需要の存在を背景とする都市近郊産地にほかならない。米の主要産地が東北、北海道、北陸と比較的まとまっているのに対し、野菜の主要産地は都市近郊を中心にしつつ、北海道から九州まで広く分散していると言える。

野菜の生産に関しては、産地の地理的立地以外にも米と異なる特徴がある。そのひとつは生産段階の機械化が難しく、労働集約的な作業が多いことである。このため、各農家の生産は個別的で小規模・零細規模のものが多く、米作のように大規模経営の広範な展開はみられない。

もうひとつは需要の周年化に対応して生産の周年化が進んでいることであ

る。そのための方法として施設栽培が盛んに行われている。ビニールハウス等を利用して生育環境を調整し、年間を通じた、あるいは長期間の生産・供給を実現しているのである。コスト等の理由で施設栽培が困難な場合には、出荷時期の異なる複数産地の組み合わせによるリレー出荷が行われる。

なお、出荷の担い手には生産者個人のほか、農業協同組合、任意出荷組合、産地出荷業者（産地商人）等が存在するが、米の場合と同様、農業協同組合のシェアが最も高い。なぜならば、野菜の場合、産地段階の選別・調製作業に加えて、出荷先から数量の確保が求められるケースが多いため、農業協同組合が所有する大規模な選果場や集荷施設の有用性が高いからである。

3）果実

果実の生産で注目されるのは、地域ごと産地ごとに長年にわたって特定の品目に特化する傾向が強いことである。表4-1に示された果実の主要産地は第1位が和歌山県、第2位青森県、第3位山形県等々であるが、そのうち第1位和歌山、第6位愛媛、第7位熊本、第8位静岡の4県は古くからの柑橘類の大産地であるし、第2位青森と第4位長野の両県は第二次世界大戦前からりんご生産が盛んである。

このように主要産地の生産が特定の品目に特化する理由はいくつかあるが、その一つ目の理由は、果実の場合、商業生産を行うために当該地域の気象条件に適した品目を選定しなければならないことである。和歌山県や愛媛県等が古くからの柑橘類の大産地であったのは、その温暖な気候が柑橘類の栽培に適していたからである。二つ目の理由は、1956年に制定された農業基本法によって推進された「選択的拡大[14]」政策で形成された産地が多いことである。この政策では産地形成段階から特定の品目に特化した生産振興が展開されたのである。三つ目の理由は、「桃栗3年柿8年」ということわざもあ

14）「選択的拡大」とは農業基本法の理念のひとつであり、需要が減少すると見込まれる農産物の生産を縮小するとともに、需要の増加が期待される農産物の生産拡大を推進しようとした政策である。

るように、果樹園への苗の定植から経済的に採算が取れる収穫量となるまでに数年を要するため、生産品目の転換が容易でないことである。それゆえ、果実の場合、長期間を見据えた生産計画が極めて重要である。この点は野菜のように年々の市場価格の変化に応じて品目を変えられるのと大いに異なる。

　また、果実の産地は野菜とは違って、高速道路等が整備される前から大都市の遠隔地に立地する傾向が強かった。その理由は産地が気象条件に左右されることもあるが、それだけではない。果実の多くは野菜に比べ保存性が高く、長距離輸送による品質の劣化が極めて少ないからである。ちなみに、高速道路等を利用したトラック輸送が一般化する前は、愛媛県や青森県等から東京都内の卸売市場まで貨車輸送が行われていた。

　なお、果実の出荷にあたっては、野菜と同様、農業協同組合のシェアが高い。なぜならば、果実の選果は等階級が多いことに加え、糖度の測定等の高度な技術も求められるため、国の補助等によって施設整備が進んでいる農協選果場が有効に機能するからである。もちろん、共同出荷が有利販売につながることも、農業協同組合のシェアが高い理由である。ただし、青森県のりんごのように産地市場が多くの荷を集めて消費地市場へ出荷する等、地域によっては農業協同組合以外が重要な役割を果たしている場合も少なくない。

（5）輸入も含む供給システムの現状

　これまで国内の生産システムについて述べてきたが、食料供給の視点に立つならば、海外からの輸入も軽視できない。

　図4-4に米、野菜、果実の重量ベースの自給率を示した。これから明らかなように、いずれの自給率とも低下傾向で推移し、2017年時点で米は96％、野菜79％、果実40％である。米の自給率が現在でも高いのは日本人の主食であることから、国が国内生産に力を入れているだけでなく、輸入をも管理している[15]からである。

　野菜の自給率はかつての100％から現在は79％であるが、これは国内の生

46

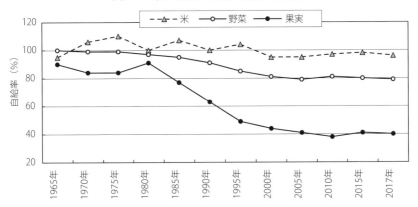

図4-4 米、野菜、果実の自給率の推移

出所：農林水産省「食料需給表」

産力が生産者の減少や高齢化によって低下したことによるところが大きい。最大の輸入先は中国で、輸入数量、輸入金額とも全体の半分ほどを占める。

　果実の自給率が極めて低いのは、生産者の減少・高齢化に加えて、バナナ、マンゴー等熱帯果実のように元々国内生産が困難な品目が輸入自由化で増え、さらにジュース等の加工品の輸入が増加したためである。生鮮品の輸入で最も多いのはバナナで、生鮮品輸入量全体の3分の2前後を占め、そのほとんどをフィリピンから輸入している。加工品の最多輸入品目はジュースで、その中で第1位がオレンジジュース（主要輸入先はブラジル）、第2位がりんごジュース（主要輸入先は中国）である。

　今後も果実の輸入が必要なことは言うまでもないし、輸入シェアが上昇することも間違いなかろう。しかし、日本の食料安全保障の観点から輸入に安易に依存すべきでないことも明白であろう。

15）現在では農林水産物の多くで輸出入は自由化されているが、米については「主要食糧の需給及び価格の安定に関する法律（食糧法）」に基づいて国が輸出入を管理している。

【課題】

1．農業就業者が大きく減少した理由について考えてみよう。

2．米、野菜、果実の生産に関する作業の種類を調べてみよう。

3．今後の望ましい農業のあり方について皆で議論しよう。

【参考文献】

・清水みゆき他『食料経済 フードシステムからみた食料問題 第5版』オーム社・
　2016年

・藤島廣二他『食料・農産物流通論』筑波書房・2009年

5　畜産物の生産システム

　畜産物とは動物（主に家畜）から得る肉、乳、卵、皮、骨、羽毛等々と、それらの加工品で、多様な種類が存在する。しかし、本章は畜産物の生産段階をフードシステムの観点から解明することを目的としているため、すべての畜産物ではなく、肉（牛肉、豚肉）、乳（牛乳、乳製品）、卵（鶏卵）に焦点をあてる。

　まず、各畜産物の全国的な生産状況を生産量（産出量）や担い手（農家等の家畜の飼養者）の変化から明らかにし、次いで都道府県単位で地域間の比較を行うことによって畜産物の種類別の主産地とその特徴を浮き彫りにする。最後に、輸入動向を把握することによって、国内生産が国内向け供給全体の中でどのような位置を占めているかを示す。

（1）生産量の大幅増から微減・横ばいへ

　主要畜産物である牛肉、豚肉、鶏卵、生乳について、**図5-1**において1965年以降の生産量の推移を示した。これから明らかなように、いずれも1980年代後半または1990年代前半まで顕著に増加した。牛肉では1994年がピークであるが、その年の生産量は枝肉[1]重量で60万トン、1965年20万トンの3倍に達した。豚肉のピークは1989年の160万トン（枝肉換算数量）で、1965年43万トンの4倍近くにのぼった。さらに、鶏卵は1993年に260万トン（殻付き卵重量）と、1965年133万トンの2倍、生乳は1992年に862万トンと、1965年327万トンの2倍半以上に伸びた。

　このように生産量が大幅に増加したのは、次節で述べるような生産構造の

1）枝肉（えだにく）とは、牛や豚をと畜し、頭、四肢、内臓、皮等を取り除いた後、背骨にそって縦に2分割したものである。

図5-1　主要畜産物の生産量の推移

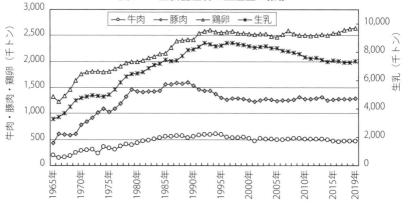

出所：農林水産省「食料需給表」
注：1）牛肉と豚肉は枝肉重量である。
　　2）鶏卵は殻付き卵重量である。
　　3）生乳は農家自家用、飲用向け、乳製品向けの合計重量である。

変化が重要な原因であるが、それ以上に畜産物に対する有効需要[2]の増加によるところが大きい。有効需要の増加は人口の増加によって引き起こされた部分もあるが、高度経済成長期に著しく進行した食生活の洋風化[3]によって1人当たりの畜産物需要が増加したことがより強く影響したと言えよう。

　国産畜産物に対する1人当たり有効需要の増加は、年々の国内生産量を各年の人口で割ることで得られる1人当たり供給量の変化から確認できる。牛肉の1人当たり年間供給量は1965年2.0キログラムであったが、1994年には4.8キログラムへと、2.4倍に増加した。豚肉の場合は1965年4.4キログラムから1989年の13.0キログラムへ、3.0倍にも増加した。また、鶏卵は1965年13.5キログラムから1993年の20.9キログラムへ、生乳は1965年33.3キログラムか

2）「需要」は経済主体（個人、家庭、企業、政府等）が財やサービスを入手しようとする欲求であるが、そのうち単なる欲求ではなく、購入できるお金に裏付けられた欲求を「有効需要」という。
3）「食生活の洋風化」とは、米、魚、野菜等を中心とした食生活から、パン、畜産物、コーヒー等のウエイトが増した食生活への変化をさす。

ら1992年の69.2キログラムへと、それぞれ増加した。

　しかし、1990年代以降、特に同年代後半以降になると、各畜産物とも国内
生産量は微減傾向または横ばい傾向に転じた。牛肉と生乳は小幅ではあるも
のの減少傾向で、いずれもピーク時に比べると最近は2割程度の減少である。
ただし、最近数年間に限れば、牛肉は47万トン台で、生乳は730万トン前後
で下げ止まりの感を呈している。豚肉は1990年代前半に1割強減少し、その
後は横ばい傾向のままである。鶏卵だけは1994年から2016年にかけては横ば
い傾向で推移した後に、わずかながらも増加傾向を示している。

　しかも、国産畜産物の1人当たり供給量も、鶏卵以外は明らかに減少した。
2019年における鶏卵の1人当たり国産物供給量は20.9キログラムで1993年と
同じであるが、牛肉は3.7キログラムでピーク時の1994年より1.1キログラム
減少し、豚肉も10.2キログラムでピーク時に比べ2.8キログラム減少、生乳も
58.4キログラムで10.8キログラム減少した。

　ただし、これらの微減・横ばい傾向は畜産物需要の減少に起因するもので
はないことに留意する必要がある[4]。そうではなくて、1980年代半ばないし
後半あたりを境に、畜産物の国内供給量に占める国産物のシェアが低下し、
輸入物のシェアが上昇したからにほかならない。この点については本章の最
後でさらに詳しくみることにしたい。

（2）担い手の著減と規模拡大

　前述の畜産物の国内生産量の増減からも推測できるように、その産出の元
となる肉用牛や採卵鶏等の飼養頭羽数も同様に増減した。最も大幅に変化し

4）これまで畜産物に対する需要が一度も減少しなかったわけではない。例えば
　2001年に千葉県でBSE（牛海綿状脳症）にかかった牛が発見された時には、
　その後数年間、牛肉に対する需要が減少した。しかし、BSEのような「食の
　安全」に関する問題が発生した時に、当該畜産物に対する需要が減少したと
　しても、これまでのところ、そうした減少が永続したことはない。

たのが豚で、1965年の398万頭から1989年の1,187万頭へ、ほぼ3倍に増加した後、減少傾向に転じ、2019年には912万頭と、23％減少した。次いで大きく増減したのが乳用牛で、1965年の129万頭から1985年の211万頭へ、1.6倍の増加であったが、2019年には133万頭と、1985年に比べ37％も減少した。肉用牛は1965年189万頭からピーク時の1994年には1.6倍増の297万頭となり、2019年には250万頭と、16％の減少であった。これらに対し、採卵鶏の場合、増減が比較的穏やかであった。1965年1億2,018万羽から1993年1億9,844万羽へ、1.7倍に増加したものの、その後は増減を繰り返し、2019年は1億8,492万羽と、1993年に比べ、わずか7％の減少にとどまった。

畜産物生産・家畜飼養の担い手である飼養者（生産者である飼養農家または組織経営体[5]）の数は、生産量や飼養頭羽数の変化とは異なって、これまでほぼ一貫した著しい減少傾向にある。そのことを示しているのが表5-1であるが、これによれば1965年と2019年の比較で肉用牛の飼養者数は31分の1に減少し、乳用牛の場合は25分の1に減少した。さらに豚の飼養者数は162分の1に、採卵鶏は何と1,481分の1にまで減少した。その結果、2019年の全国の飼養総者数は肉用牛で4万6,300、乳用牛で1万5,000となり、豚では4,320、採卵鶏ではわずか2,190となった。

飼養者数の減少が極めて激しかったことによって、総飼養頭羽数が減少・横ばい傾向になった1980年代後半以降または1990年代前半以降も、それ以前と同様、1飼養者当たりの平均飼養頭羽数は顕著に増加した。この点は表5-1に示したが、総飼養頭羽数と同じ1965年と2019年の比較でみると、1飼養者当たり平均飼養頭数は肉用牛で1.3頭から54.1頭へ、42倍に増加し、乳用牛でも3.4頭から88.8頭へ、26倍に増加した。そして豚の場合は5.7頭から2,186.6頭へと384倍に、採卵鶏は37羽から84,437羽へ、2,282倍に増大した。

このような1飼養者当たりの飼養頭羽数の増加は、当然、大規模な飼養者

5）「組織経営体」とは一般に「農家」と呼ばれる家族経営体ではなく、法人（株式会社、農事組合法人等）等の組織形態の経営体をさす。

表 5-1　肉用牛、豚、採卵鶏、乳用牛の年次別飼養者数と 1 者当たり平均飼養養頭羽数

年次	肉用牛		豚		採卵鶏		乳用牛	
	飼養者数 (者)	1 者当たり 飼養頭数 (頭／者)	飼養者数 (者)	1 者当たり 飼養頭数 (頭／者)	飼養者数 (者)	1 者当たり 飼養羽数 (羽／者)	飼養者数 (者)	1 者当たり 飼養頭数 (頭／者)
1965 年	1,435,000	1.3	701,600	5.7	3,243,000	37	381,600	3.4
1975 年	473,600	3.9	223,400	34.4	509,800	303	160,100	11.2
1985 年	298,000	8.7	83,100	129.0	124,100	1,430	82,400	25.6
1995 年	169,700	17.5	18,800	545.2	7,860	24,663	44,300	44.0
2005 年	89,600	30.7	8,880	1,095.0	4,280	41,765	27,700	59.7
2015 年	54,400	45.8	5,270	1,809.7	2,640	66,214	17,700	77.5
2019 年	46,300	54.1	4,170	2,186.6	2,190	84,437	15,000	88.8

出所：農林水産省「畜産統計」
注：飼養者は個人生産者ではなく、農家（個別経営体）または組織経営体を意味する。

の出現・増加と総飼養頭羽数に占める大規模飼養者のシェアの上昇として現れた。例えば肉用牛の場合、50年ほど前の1971年当時、総飼養者79万7,300の93％に相当する73万8,700が「4 頭以下」の飼養頭数規模で、当時の調査で最大規模の「50頭以上」の飼養者は1,060、わずか0.1％にすぎなかった[6]。しかも、「50頭以上」の飼養者の合計飼養頭数は 9 万4,820頭で、全国総飼養頭数175万9,000頭の 5 ％にとどまっていた。これに対し、2019年の「4 頭以下」の飼養者は 1 万1,000で、全国総飼養者 4 万6,300の24％に低下し、逆に調査の中の最大規模となった「500頭以上」の飼養者は759ではあったものの[7]、シェアは1.7％に増え、合計飼養頭数は96万8,500頭と、全国総飼養頭数247万8,000頭の39％にのぼった。

　以上の飼養者数の著減と 1 飼養者当たり平均飼養頭羽数の増大、そして大規模飼養者の出現・増加は、肉用牛等を飼育する生産者の多くが米作等を兼ねていたかつての状態から、肉用牛等を専門に多頭羽飼育するプロフェッショナルへの転化が進んだことを意味する。こうした家畜飼養段階での構造変化による飼養技術の向上等によって、飼養者数の大幅な減少にもかかわらず、1980年代後半ないし90年代前半まで総飼養頭羽数と畜産物生産量は大幅

6）ここでのデータは農林水産省「畜産統計」による。
7）2019年における肉用牛飼養頭数「50頭以上」の飼養者数は8,340で全国総飼養者数 4 万6,000の18％であった。

に増加し、その後は大幅な減少が起きずに微減・横ばい傾向にとどまったのである。

（3）都道府県別生産状況

1）肉用牛

　肉用牛には黒毛和種、褐毛（あかげ）和種、日本短角種、無角和種といった"和牛"のほか、乳用種（主にホルスタイン種の雄）、交雑種[8]、外国種が存在する。しかも、種類ごとに主な産地が異なる。例えば、黒毛和種の主産地は鹿児島県と宮崎県、褐毛和種は熊本県、日本短角種は岩手県、乳用種は北海道、等々である。こうした違いも考慮しながら都道府県別の生産状況をみていく。

　「畜産統計」（2020年2月1日時点調査）から肉用牛飼養頭数の上位10道県の概要をまとめたのが**表5-2**である。これによれば飼養頭数が最も多いのは北海道で52万4,700頭、全国総飼養頭数255万5,000頭の20.5%。そして第2位鹿児島県34万1,000頭、13.3%。第3位宮崎県24万4,100頭、9.6%で、3道県を合わせると110万9,800頭、43.4%と、全国の半分近くを占める。なお、表にはないが47都道府県中で最少の飼養頭数は東京都で630頭である。

　一方、飼養者数の最も多いのは鹿児島県で7,330者、全国4万3,900者の16.7%。第2位宮崎県5,360者、12.2%。第3位岩手県4,060者、9.2%。北海道は熊本県と並んで第6位[9]で、2,350者、5.4%である。ちなみに、飼養者数の最少は大阪府で9者、東京都は22者である。

　飼養頭数と飼養者数の順位の違いから北海道は1飼養者当たり平均飼養頭数が多く、鹿児島県は少ないことが推察できる。実際、北海道の平均飼養頭

8）交雑種とは主に黒毛和種と乳用種または外国種との雑種である。外国種はほとんどがアンガス種とヘレフォード種である。

9）肉用牛の飼養者数の第4位は宮城県（2,960者）、第5位は長崎県（2,370者）である。

表 5-2　肉用牛肥育主要道県の飼養頭数、飼養者数と 1 者当たり平均飼養頭数
（2020 年 2 月 1 日現在）

道県	飼養頭数		飼養者数		1 者当たり平均飼養頭数
	実数 （頭）	構成比 （%）	実数 （者）	構成比 （%）	（頭／者）
北海道	524,700	20.5	2,350	5.4	223.3
鹿児島県	341,000	13.3	7,330	16.7	46.5
宮崎県	244,100	9.6	5,360	12.2	45.5
熊本県	132,300	5.2	2,350	5.4	56.3
岩手県	91,100	3.6	4,060	9.2	22.4
長崎県	84,100	3.3	2,370	5.4	35.5
宮城県	80,900	3.2	2,960	6.7	27.3
栃木県	79,800	3.1	841	1.9	94.9
沖縄県	79,700	3.1	2,350	5.4	33.9
兵庫県	55,700	2.2	1,240	2.8	44.9
全国計	2,555,000	100.0	43,900	100.0	58.2

出所・注：表 5-1 に同じ

数は223.3頭で全国 1 位であるのに対し鹿児島県は46.5頭で33位である。これは、北海道では乳用種を肥育している飼養者が多く、鹿児島県では黒毛和種の飼養者が多いことによる。黒毛和種の和牛はA5[10]の高級牛肉として販売される比率が高いが、そのためには肥育に手間をかける必要があるため、多頭飼育が乳用種より難しいと言われている。しかし、鹿児島県においても50頭以上規模での飼養頭数は増加傾向にあり、規模拡大は進んでいる。

2）豚

豚の種類にはヨークシャー種、ランドレース種、バークシャ種等があり、鹿児島県の"黒豚"（バークシャ種）のように「ブランド豚」と言われている豚も存在する。しかし、消費者やレストラン等に食肉として販売される時点で肉用牛ほどに違いが重視されないことから、豚の種類については触れな

10）牛や豚はと畜・解体され、枝肉になった段階で、日本格付協会の格付員が格付を行う。牛の場合、「歩留等級」がA、B、Cの 3 等級、「肉質等級」が 5 から 1 までの 5 等級で、両者を総合してA5からC1までの15階級がある。A5が最上級でC1が最も低い。

表5-3　豚肥育主要道県の飼養頭数、飼養者数と1者当たり平均飼養頭数
（2019年2月1日現在）

道県	飼養頭数		飼養者数		1者当たり平均飼養頭数
	実数	構成比	実数	構成比	
	（頭）	（％）	（者）	（％）	（頭／者）
鹿児島県	1,264,000	13.9	504	12.1	2,507.9
宮崎県	831,500	9.1	436	10.5	1,907.1
北海道	690,700	7.6	192	4.6	3,597.4
群馬県	629,200	6.9	210	5.0	2,996.2
千葉県	603,300	6.6	282	6.8	2,139.4
茨城県	462,200	5.1	310	7.4	1,491.0
栃木県	405,500	4.4	99	2.4	4,096.0
岩手県	402,200	4.4	103	2.5	3,904.9
青森県	351,700	3.9	71	1.7	4,953.5
愛知県	349,000	3.8	186	4.5	1,876.3
全国計	9,118,000	100.0	4,170	100.0	2,186.6

出所・注：表5-1に同じ

いことにする。

　表5-3において「畜産統計」（2019年2月1日時点調査）から豚飼養頭数の上位10道県の概要を整理した。これから明らかなように、鹿児島県の飼養頭数が最大で126万頭、全国の13.9％を占め、第2位は宮崎県83万頭、9.1％、第3位は北海道69万頭、7.6％等々の順である。ここで興味深いのは10位以内に群馬（第4位）、千葉（第5位）、茨城（第6位）、栃木（第7位）と、関東圏の4県が入っていることである[11]。しかも、4県の合計シェアは23％にのぼる。関東圏は豚肉の生産・供給基地として意外に大きな役割を果たしているのである。

　飼養者数に関しては、肉用牛の場合と違って、第1位と第2位は飼養頭数の順位と同じで、鹿児島県504者（全国4,170者の12.1％）、宮崎県436者（同10.5％）の順である。ただし、第3位は茨城県310者（同7.4％）で、北海道

11）関東圏の残り3都県については、埼玉県第25位（9万4,500頭）、神奈川県第28位（6万7,800頭）、東京都第46位（2,320頭）である。ちなみに、最少となる第47位は和歌山県で1,670頭であった。

は第 7 位（192者、4.6％）である[12]。ちなみに、2019年の調査時点で飼養者が最も少なかったのは大阪府で、わずか 5 者にとどまった。

　飼養頭数と飼養者数を肉用牛の場合と比較すると、飼養頭数が多いのに対し、飼養者数が逆に少ないことがわかる。すなわち、肉用牛に比べ、豚は多頭飼育が進んでいると言える。事実、1 飼養者当たりの平均飼養頭数をみると、全国平均で2,000頭を超え、青森県ではほぼ5,000頭に達する。4,000頭を超える都道府県の数は青森県を含めて 4 県、3,000頭以上であれば 9 道県にのぼる。なお、改めて言うまでもないが、飼養頭数が多いほど、豚の肥育を組織経営体が担う傾向が強いことを意味する。

3）採卵鶏

　採卵鶏もレグホン種、烏骨鶏等、種類は少なくない。それどころか、各地の地鶏（比内鶏、名古屋コーチン等）まで含めると、かなりの数にのぼるであろう。しかし、我が国の鶏卵は白色と薄茶色が大部分で、それらの違いは重視されないことから、採卵鶏の種類にはこだわらない。

　「畜産統計」（2019年 2 月 1 日時点調査）をもとに、**表5-4**において成鶏めすの採卵鶏飼養羽数の上位10道県についてまとめた。ここでの飼養羽数に関して次の 2 点が注目される。そのひとつは、第 1 位茨城（1,239万羽）、第 2 位千葉（988万羽）、第 8 位群馬（525万羽）と、10位以内に関東圏の 3 県が入っているものの、主産地が全国に分散した状態になっていることである。もうひとつは、上位県のシェアが低く、生産が特定の道県または地域に集中しているとは言えないことである。例えば上位 3 県のシェアを合計すると21.8％であるが、これは豚（上位 3 道県の合計で30.6％）に比べて8.8ポイント低く、肉用牛（同43.4％）に比べると21.6ポイントも低い。これらの 2 点は鶏卵の生産が消費地に近いところで行われていることを示唆するものである。

12）豚の飼養者数の第 4 位は千葉県（310者）、第 5 位は沖縄県（231者）、第 6 位は群馬県（210者）である。

表 5-4 成鶏めす飼育主要道県の飼養羽数、飼養者数と１者当たり平均飼養羽数
（2019 年 2 月 1 日現在）

道県	飼養羽数		飼養者数		1者当たり平均飼養羽数
	実数	構成比	実数	構成比	
	（千羽）	（%）	（者）	（%）	（羽／者）
茨城県	12,392	8.7	94	4.9	131,829.8
千葉県	9,882	7.0	116	6.0	85,189.7
鹿児島県	8,567	6.0	113	5.9	75,814.2
岡山県	7,492	5.3	65	3.4	115,261.5
愛知県	7,015	4.9	128	6.7	54,804.7
広島県	6,730	4.7	41	2.1	164,146.3
三重県	5,661	4.0	65	3.4	87,092.3
群馬県	5,251	3.7	42	2.2	125,023.8
北海道	5,223	3.7	51	2.7	102,411.8
青森県	5,186	3.7	21	1.1	246,952.4
全国計	141,737	100.0	1,920	100.0	73,821.4

出所・注：表 5-1 に同じ

　飼養者数をみると、最も多いのは愛知県で、128者（全国1,920者の6.7％）、次いで千葉県116者（6.0％）、鹿児島県113者（5.9％）の順である。これらの３県以外では飼養者数は各都道府県とも11者から94者の２桁にとどまる。いずれにしても、飼養者数は極めて少ない。

　飼養者数が少ないということは、裏を返せば、１飼養者当たり平均飼養羽数が多いことにほかならない。その数を計算すると、最大は青森県の24万6,952羽、第２位が岩手県の22万5,688羽である。20万羽を超えるのはこの２県であるが、10万羽以上となると両県以外に10道県を数える。現在では10万羽を超える飼養者は全国で329にのぼり、30万羽を超える経営体も珍しくない。もちろん、それらは家族経営体ではなく、組織経営体である[13]。

４）乳用牛

　日本では乳用牛はホルスタイン種やジャージー種等が存在するが、ホルスタイン種が乳用牛全体の99％以上を占める。それゆえ、乳用牛はホルスタイ

13）採卵鶏経営の場合、５万羽を超えた場合には家族経営体では対応が難しく、組織経営体への転換が必須とみられる。

表5-5　乳用牛成畜飼育主要道県の飼養頭数、飼養者数と1者当たり
平均飼養頭数（2020年2月1日現在）

道県	飼養頭数		飼養者数		1者当たり平均飼養頭数
	実数	構成比	実数	構成比	
	（頭）	（%）	（者）	（%）	（頭／者）
北海道	808,700	60.4	5,670	40.5	142.6
栃木県	52,000	3.9	650	4.6	80.0
熊本県	44,300	3.3	510	3.6	86.9
岩手県	41,300	3.1	808	5.8	51.1
群馬県	33,900	2.5	462	3.3	73.4
千葉県	28,600	2.1	515	3.7	55.5
茨城県	24,300	1.8	314	2.2	77.4
愛知県	22,600	1.7	269	1.9	84.0
宮城県	18,400	1.4	464	3.3	39.7
岡山県	16,700	1.2	222	1.6	75.2
全国計	1,339,000	100.0	14,000	100.0	95.6

出所・注：表5-1に同じ

ン種とみなしても特段の問題はない。

　「畜産統計」（2020年2月1日時点調査）を基に、乳用牛成畜飼養頭数の上位10道県の概要を表5-5にまとめた。これによれば、北海道が飼養頭数で飛び抜けていて、その数は80万頭を超え、全国の飼養頭数に占めるシェアは60%を超える。採卵鶏第1位の茨城県のシェアは8.7%、豚第1位の鹿児島県は13.9%、肉用牛でも第1位の北海道は20.5%であったことと比較すると、乳用牛の第1位北海道のシェアは際立って高いと言える。

　この主な理由は、チーズ等の生産に用いる加工原料乳の大半を北海道が供給していることである。例えば2019年の生乳生産量732万トンのうち牛乳向けが400万トンで、乳製品向けが332万トンであるが、北海道の生産量は牛乳向けが56万トン（牛乳向け生乳全体の14%）であるのに対し、乳製品向けは298万トンと、乳製品向け生乳全体の90%にのぼる[14]。ちなみに、都府県は合計で牛乳向けが344万トン、乳製品向けが34万トンである。

　北海道が加工原料乳供給の大半を担っているのは、牛乳生産が消費地との

14）農林水産省「牛乳乳製品統計」による。

距離に影響されやすいのに対し、乳製品生産では距離があまり問題にならないことに加え、牛乳向けに比べて乳価が低い乳製品向け[15]に対応できる大規模経営が多いからであろう。北海道と都府県との経営規模の違いは**表5-5**の1飼養者当たり平均飼養頭数から推察できるが、実際、飼養頭数100頭以上の経営に限れば、北海道は1,318者で、都府県は合計で643者と、北海道が倍以上にのぼる。ちなみに、飼養頭数が19頭以下の経営は都府県が2,453者、北海道が437者で、北海道は都府県の5分の1以下である。

　北海道は乳製品向け生乳生産を中心とする大規模経営が多く、都府県では消費地との距離の有利性を活かして牛乳向け生乳生産を行う経営が多い。

（4）輸入を含めた供給実態

　これまで国内の生産状況について述べたが、畜産物の国内向け供給は国内生産だけで行われているわけではない。特に1985年9月のG5によるプラザ合意を契機に円高が急速に進んだ結果[16]、畜産物の輸入も急速に増加した。

　プラザ合意の1985年と円高がピークに達した95年の輸入量を比較すると、牛肉は22万トンから94万トンへ、4倍以上に増加し、豚肉は27万トンから77万トンへ、鶏卵は4万トンから11万トンへ、それぞれ3倍近く増加した。ま

15）乳価は時期や地域等によって違いがあるため、絶対的なものではないが、例えば牛乳向け生乳の価格が1キログラム当たり110円の場合、乳製品向けは80円程度と、2～3割低いとのことである。

16）G5は現在のG7やG8の前身で、かつては主要先進5カ国（日本、アメリカ、イギリス、フランス、西ドイツ）の首脳会議であった。このG5が1985年9月にニューヨーク市内のプラザホテルで開催された時、「円高、マルク高、ドル安」について合意し、これを「プラザ合意」と呼ぶ。この合意の結果、円とドルの交換レートはプラザ合意直前の「1ドル＝240円」から、円高がピークに達した1995年4月19日に一時的ではあったものの「1ドル＝79円75銭」まで変化した。すなわち、単純に考えれば、プラザ合意以前は1ドルの物を輸入するのに240円支払う必要があったが、1995年4月19日には80円ですんだのである。当然、輸入の増加を促した。

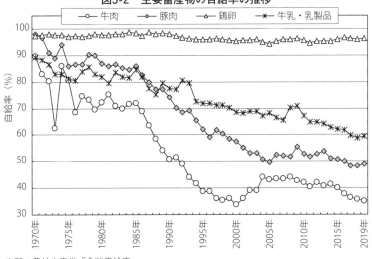

図5-2　主要畜産物の自給率の推移

出所：農林水産省「食料需給表」
注：自給率＝国内生産量／国内消費仕向量×100

た、乳製品は158万トンから329万トンへと、2倍強に増加した。

　その後も豚肉と乳製品の輸入量は増加傾向で推移し、2019年の輸入量は豚肉が140万トン、乳製品が522万トンに増加した。牛肉はアメリカ等の輸出国でBSE（牛海綿状脳症）が発症した影響で2001年から2009年にかけて輸入が減少したため、2019年時点でも89万トンの輸入量にとどまっている。鶏卵の輸入量は1995年以後も増減してはいるものの、ほぼ横ばい傾向である。

　こうした輸入量の変化の結果、図5-2に示したように、牛肉、豚肉、牛乳・乳製品では1985年あたりを境に自給率が顕著に低下した。牛肉の場合、21世紀に入ってからはBSEで輸入量が減少した時期以外は、自給率は40％を下回っている。すなわち、国内生産による供給比率は40％以下になった。豚肉の自給率も50％を下回る年が増え、牛乳・乳製品は60％を下回るようになった。

　これらに対し、鶏卵は確かに一時的に輸入が増えたものの、自給率は依然として95％前後を維持している。国内の消費量のほとんどを国内生産で供給

可能な状態であると言える。これは日本の採卵鶏経営の強さの現れでもあるが、鶏卵という鮮度が重視される商品特性の影響も大きいであろう。牛乳・乳製品の輸入が乳製品に限られ、鮮度が重視される牛乳の輸入がゼロであるのも同じ理由によるものと考えられる。

　今後、食料の安全保障の観点から、畜産物の国内生産の強化は重要な課題と言える。

【課題】

1．牛肉、豚肉、鶏卵、生乳の産地段階での産出額（生産者販売額）について調べてみよう。

2．肉用牛の飼養頭数が北海道で最も多く、豚の飼養頭数が鹿児島県でもっと多い理由は何か。皆で議論して答えをみつけよう。

3．今後、畜産物の国産物と輸入物の比率はどのように変化するかを予想し、その理由も考えてみよう。

【参考文献】

・梅田浩史他『食肉の知識』公益社団法人日本食肉協会・2018年
・藤島廣二他『新版　食料・農産物流通論』筑波書房・2012年
・農林水産省『平成29年度　食料・農業・農村の動向』2018年

6 水産物の生産システム

　日本人にとって水産物は昔から身近な動物性タンパク質供給源であった。また、かつて日本は世界でも有数の水産国であり、水産物は重要な輸出資源でもあった。しかし、過去30年ほどの間に日本の水産物生産（漁業）は大きく後退し、今や国内への水産物の供給を国内の生産だけで賄えきれない状況にある。

　以下では、まず初めに漁業の区分（種類）と漁法について整理し、その上で我が国水産業の変遷をも意味する生産量の動向と、その動向に影響した国際的な環境の変化、および生産の担い手等にかかわる諸変化を明らかにする。そして最後に、輸入量の増減状況を把握することによって、国内生産が供給全体の中での位置をどのように変えてきたかを理解することにしよう。

（1）多様な漁業種類と漁法

　漁業というと、海で行われるものとのイメージが強いが、川や湖沼で行われる漁業もある。海で行われる漁業を海面漁業、川や湖沼で行われる漁業を内水面漁業という。海面漁業はさらに遠洋漁業、沖合魚業、沿岸漁業、海面養殖業に区分される。一方、内水面漁業も通常の漁業と養殖業とに分かれる。

　遠洋漁業とは、100トン以上あるいは数百トンにもなるような大型漁船で、太平洋はもとより、大西洋やインド洋等の公海上や外国の200海里水域（EEZ）[1] 内に出かけ、1ヵ月から1年以上もの期間をかけて行われる漁である。主な魚種はマグロ、カツオ、イカで、漁法は巻き網漁、はえ縄漁、一本釣り漁、底引網漁（トロール漁）等である。なお、現在はほとんど行われていないが、捕鯨も遠洋漁業である。

　沖合漁業とは、岸から離れた200海里水域内、あるいは同水域の外周部で、

2～3日継続して行われる漁で、漁船の規模は20～30トンから70～80トンクラスが一般的である。魚種はイワシ、サンマ、サバ、アジ、イカ、カレイ、ホッケ、スケトウダラ、さらにはカツオ、マグロ等と、多様である。漁法は遠洋漁業とほぼ同じで、はえ縄漁、底引網漁、サンマ棒受網漁、イカ釣漁等である。

　沿岸漁業とは、陸に近いところ、離れていても日帰りが可能な範囲内での漁である。10トン程度かそれ以下の漁船を使うのが普通であるが、漁は海岸部でもできることから、船を使うとは限らない。魚種はサケ、タイ、タラ、アジ等で、漁法は地引き網漁、定置網漁等である。

　海面養殖業はもともとノリ（海苔）やカキ（牡蠣）等で行われていたことからわかるように、海の中で自然に育ったものを捕獲するのではなくて、人が手を加えて海の中で育ててから収穫する漁業である。収穫物の種類は現在ではかなり多様で、上記以外にブリ、ギンザケ、マダイ、クロマグロ、ワカメ、コンブ、ホタテガイ等がある。ちなみに、食べ物ではないが、真珠も多くが海面養殖業の産物である。

　内水面漁業のうち本来の漁業にあたるのは、シジミ、アユ、フナ、サケ等の収穫であり、養殖業はウナギ、コイ、ワカサギ、ニジマス等の人工飼育・収穫である。漁法には投網漁、胴（どう）・梁（やな）漁等があるが、鵜飼いもアユを捕る漁法のひとつである。

　漁業は以上のような種類に区分できるが、それぞれの生産量は時代によっ

1）200海里水域とは、沿岸から200海里（1海里＝1ノット＝1,852メートル）の範囲内の海域において、沿岸国がそこでの天然資源（生物と非生物）の探査、開発、保存および管理に関する主権的権利を有する、というものである。このことが国際的に認められるようになったのは1970年代後半からであるが、1980年代または90年代以降は「海洋法に関する国際連合条約」に基づいてEEZ（Exclusive Economic Zone、排他的経済水域）と呼ばれることが多い。なお、他国の200海里水域内で漁業を行う場合は、入漁料を支払うのが普通である。（「ブリタニカ国際大百科事典」等を参照）

て異なる。2019年でみると、図
6-1に示したように漁業生産量
419万トンのうち沖合漁業が最大
で197万トン、47％を占め、次い
で沿岸漁業93万トン、22％、海面
養殖業91万トン、22％、遠洋漁業
33万トン、8％の順で、最後は内
水面漁業5万トン、1％（うち本
来の漁業部門が2万トン、0.5％、
養殖業が3万トン、0.7％）である。

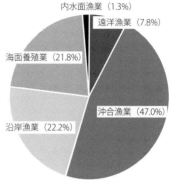

図6-1　漁業の種類と構成比（2019年）

内水面漁業（1.3%）
遠洋漁業（7.8%）
海面養殖業（21.8%）
沖合漁業（47.0%）
沿岸漁業（22.2%）

出所：農林水産省「令和元年漁業・養殖業生産統計」

（2）生産量は1980年代がピーク

　これまでの我が国の水産業の変遷を生産量の変化から概観すると、**図6-2**
から明らかなように、1980年代中頃までは生産量が全体として増加した時期
で、“発展期”であったとみることができる。その後、わずか数年の期間で
はあるが、生産量が横ばい傾向になった“停滞期”を経て、1990年代からは
長期的な減少傾向となる“後退期（衰退期）”に入ったと言えよう。
　発展期をリードしたのは遠洋漁業と沖合漁業であった。特に遠洋漁業は
1973年まで急速に増加した。1965年の170万トンほどから1973年の400万トン
弱へ、わずか8年ほどの間に2.4倍に、230万トンも増加した。この時期、日
本の漁船は世界の海に進出し、水産王国としてその名を世界に轟かせた。し
かし、1973年10月に勃発した第4次中東戦争[2]を契機に始まったオイル

2）1948年のイスラエルの建国宣言以来、イスラエルとアラブ諸国の間で4度の
　戦争が行われたが、1973年10月6日に始まったイスラエルとアラブ諸国（エ
　ジプト、シリア）との間の4度目の戦争を第4次中東戦争と呼ぶ。

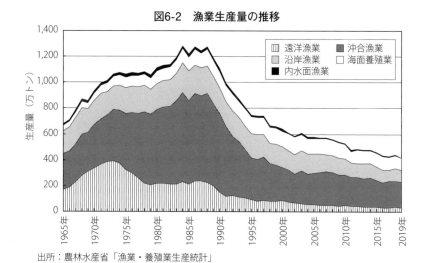

図6-2　漁業生産量の推移

出所：農林水産省「漁業・養殖業生産統計」

ショック[3]等の影響を受けて、遠洋漁業はその勢いを失った。加えて、ア
メリカやソビエト連邦[4]等の国々が1977年から200海里水域を設定し始めた
ために、遠洋漁業の環境は一段と厳しさを増した。

　沖合漁業は遠洋漁業ほど急ではなかったが、それでも着実に生産量を伸ば
し、1984年には700万トンに達した。1965年当時は280万トン弱であったから、
20年ほどで2.5倍に増えたことになる。しかも、沖合漁業の増加によって
1984年の国内生産量はこれまでで最大の1,282万トンを記録し、同年の国内

3）第4次中東戦争でエジプト等を支援するために、サウジアラビア等のアラブ
　産油国が1973年10月から翌年1月までの3ヵ月ほどの間に、原油を1バレル
　（160リットル）当たり3ドルから12ドルへ、4倍ほどに値上げしたが、この
　ことをオイルショックと呼ぶ（1979年のオイルショックと区別して、第1次
　オイルショックと呼ぶこともある）。このオイルショックによって船や車の燃
　料が値上がりしただけでなく、日本では社会全体にわたる激しいインフレー
　ションが起きた。
4）正式名称はソビエト社会主義共和国連邦で、1991年12月に崩壊し、ロシア、
　ウクライナ等の15の国に分かれた。

生産量に占める沖合漁業生産量の割合は54％と、半分を超えるほどであった。

1984年に国内生産量がピークに達した後の4〜5年間、遠洋漁業、沖合漁業、沿岸漁業等のいずれもほとんど変化がなかった。1985年と1989年の比較で生産量の変化の比率が最も高かったのは海面養殖業で、109万トンから127万トンへ、16％の増加であるが、絶対量では18万トンの増加にすぎなかった。生産量全体でみても、またそれぞれの生産量でみても、まさに"停滞"の時期だったのである。

1990年以降の"後退期（衰退期）"において最も目立つのは、遠洋漁業と沖合漁業の生産量の減少である。遠洋漁業の生産量はピークの73年以降、既に減少が始まってはいたものの、1983年までは200万トン台を維持していたが、1989年に200万トンを割ると、1995年からはついに100万トンをも割ってしまった。減少の理由は各国が200海里水域を設定したことで漁場が制限されるようになったことに加えて、公海上での大規模流し網漁業の禁止に関する国連総会決議（1991年）や、国際連合食糧農業機関（FAO）による「漁獲能力の管理に関する国際行動計画」の採択（1999年）[5] 等によって、遠洋漁業に対する国際的な制約が強まったことである。

沖合漁業の生産量は1990年まで毎年600万トン以上にのぼっていたが、1991年に544万トン、1992年に453万トン、1994年に372万トンと、急速に減少した。この最大の要因は魚種の変化と資源量の減少である。沖合漁業はもともと海流や海水温の動きに応じて魚種や資源量が変動しやすい。特に1980年代末ごろから1990年代にかけては主要魚種がサバ類からマイワシに変わり、さらにマアジやサンマに変わると同時に、マイワシ等の資源量が明らかに減少した。

遠洋漁業、沖合漁業以外でも、同様に減少傾向にある。ただし、海面養殖

---

5)「漁獲能力の管理に関する国際行動計画」とは各国が協調して過剰な漁船等を削減しようというものであるが、日本はこの行動計画に基づいて遠洋はえ縄用漁船の2割に相当する132隻を減船した（水産庁『水産白書　令和2年版』p.7 〜 8を参照）。

業の場合、減少幅は少なく、最近では沿岸漁業生産量とほぼ同じで、国内生産量の２割強を占めている。

　なお、1990年以降の減少によって、2019年の漁業生産量はピークであった1984年（1,282万トン）の３分の１以下の419万トンにまで低下し、統計データがある1960年以降で最少となった[6]。

（３）担い手と漁船の減少

　生産量の減少は、担い手（生産者、漁師）にかかわる構造の変化でもある。主な変化は担い手の数の減少と高齢化、および漁船の減少である。

１）担い手の減少

　漁業の担い手の数の変化については、漁業就業者数と漁業経営体数[7]の両方からみることができる。「漁業センサス」によれば、漁業就業者数は2018年時点で15万2,000人、1988年の39万2,000人に比べると６割強の減少であった。また、漁業経営体数の同期間の変化をみると、19万5,000経営体から８万1,000経営体へ、ほぼ同じ減少率の６割減であった。いずれにしても、大幅な減少である。

　減少の中身を把握することを目的に、表6-1からさらに詳しくみると、漁業経営体について最も減少比率が大きかったのは遠洋漁業を主要事業とする大規模漁業層であった。2018年の経営体数はわずか54で、1988年の４分の１以下であった。この減少率の高さは遠洋漁業の生産量の落ち込みが激しかったことと符合しているとも言える。

6）農林水産省「食料需給表」によれば1960年の国内水産物生産量は魚介類と海藻類の合計で588万トンであった。

7）「漁業就業者」とは満15歳以上で、過去１年間に漁業に30日以上従事した者（事業主と雇用者の合計）をいい、「漁業経営体」とは過去１年間に利潤または生活の資を得るための販売を目的に、水産動植物の採捕または養殖の事業を行った世帯または事業者をいう。

表6-1　漁業経営体数の推移（1988年～2018年）

(単位：経営体、%)

| | 海面漁業経営体 | | | | | | | 内水面漁業経営体 | | 合計 | |
	沿岸漁業層		中小漁業層		大規模漁業層		計					
1988年	180,377	(100.0)	9,674	(100.0)	220	(100.0)	190,271	(100.0)	4,961	(100.0)	195,232	(100.0)
1993年	162,795	(90.3)	8,551	(88.4)	178	(80.9)	171,524	(90.1)	4,252	(85.7)	175,776	(90.0)
1998年	142,678	(79.1)	7,769	(80.3)	139	(63.2)	150,586	(79.1)	3,576	(72.1)	154,162	(79.0)
2003年	125,434	(69.5)	6,872	(71.0)	111	(50.5)	132,417	(69.6)	2,906	(58.6)	135,323	(69.3)
2008年	109,022	(60.4)	6,103	(63.1)	71	(32.3)	115,196	(60.5)	2,552	(51.4)	117,748	(60.3)
2013年	89,107	(49.4)	5,344	(55.2)	56	(25.5)	94,507	(49.7)	2,266	(45.7)	96,773	(49.6)
2018年	74,151	(41.1)	4,862	(50.3)	54	(24.5)	79,067	(41.6)	1,930	(38.9)	80,997	(41.5)

出所：農林水産省「漁業センサス」
注：1）「漁業経営体」とは過去1年間に利潤または生活の資を得るための販売を目的に、水産動植物の採捕または養殖の事業を行った世帯または事業者。
　　2）「沿岸漁業層」とは漁船非使用、無動力漁船、船外機付漁船、過去1年間に使用した動力漁船の合計トン数が10トン未満、定置網・養殖の各階層を総称したもの。
　　3）「中小漁業層」とは過去1年間に使用した動力漁船の合計トン数が10トン以上1,000トン未満の各階層を総称したもの。
　　4）「大規模漁業層」とは過去1年間に使用した動力漁船の合計トン数が1,000トン以上の各階層を総称したもの。

　減少比率ではなく、経営体数そのものの減少の規模が最大であったのは沿岸漁業層である。1988年から2018年の間に18万377から7万4,151へ、10万以上も減少した。この層は沿岸漁業や海面養殖業を行っている個人経営体[8]がほとんどであることから、小規模であると共に、経営体数そのものも多いため、減少数が大幅となったのである。

　このように担い手の数に関しては、大規模層と小零細規模層を中心に全般的な減少が進行した。

2）担い手の高齢化

　担い手の高齢化は漁業だけでなく、他の産業でもみられることではあるが、漁業の場合、農業と同様、個人経営体であれば定年制がないことから、就業者の高齢化が進みやすい。その高齢化状況を示したのが**表6-2**である。

　同表から明らかなように、1988年と2018年とを比較すると、64歳以下の年齢層ではいずれの階層においても就業者数は7～8割も減少し、2～3割程度のところにまで低下した。これに対し、65歳上層では21世紀に入ってから

8）「個人経営体」とは個人で漁業を自営する経営体である。これに対し、会社等の場合は「法人経営体」または「組織経営体」と呼ばれる。

表 6-2　年齢階層別漁業就業者数の推移（1988 年～2018 年）

| | 年齢階層別就業者数（万人） | | | | | | 同左構成比（％） | | | | | |
	15～ 24 歳	25～ 39 歳	40～ 54 歳	55～ 64 歳	65 歳 以上	合計	15～ 24 歳	25～ 39 歳	40～ 54 歳	55～ 64 歳	65 歳 以上	合計
1988 年	1.9	8.2	14.3	10.4	4.5	39.2	4.8	20.9	36.5	26.5	11.5	100.0
1993 年	1.1	5.1	10.6	9.9	5.8	32.5	3.4	15.7	32.6	30.5	17.8	100.0
1998 年	0.7	3.6	8.3	7.7	7.3	27.7	2.5	13.0	30.0	27.8	26.4	100.0
2003 年	0.7	2.8	6.6	5.8	7.9	23.8	2.9	11.8	27.7	24.4	33.2	100.0
2008 年	0.7	2.9	5.4	5.7	7.6	22.2	3.2	13.1	24.3	25.7	34.2	100.0
2013 年	0.5	2.5	4.1	4.5	6.4	18.1	2.8	13.8	22.7	24.9	35.4	100.0
2018 年	0.5	2.2	3.4	3.3	5.8	15.2	3.3	14.5	22.4	21.7	38.2	100.0

出所：農林水産省「漁業センサス」

は減少傾向ではあるものの、1988年と2018年の比較では 4 万5,000人から 5 万8,000人へ、 1 万人以上も増加した。当然、65歳以上層のシェアは11％ほどから38％へと大幅に上昇した。

　担い手の高齢化は技術・技能の向上・円熟につながることから、一概に問題とすべきことではない。しかし、高齢化が個人経営体で進んだ場合、後継者がいないことが多く、結果として休廃業になることが多い。事実、個人経営体が70歳以上になった場合、休廃業の可能性が急速に高まる。水産庁「水産白書（令和 2 年版）」によれば、漁業経営体が 5 年後までに休廃業に至る割合は、65歳未満の年齢階層では 2 割前後であるのに対し、70歳以上層では 4 ～ 6 割にのぼるとのことである。ちなみに、個別経営体の高齢化による休廃業の増加が、前述の沿岸漁業層の経営体の大幅な減少となって現れたのである。

3）漁船数の減少

　日本では21世紀早々に国際連合食糧農業機関（FAO）の「漁獲能力の管理に関する国際行動計画」（1999年）に則って遠洋はえ縄用漁船132隻を減船したが、漁船数の減少はそれだけではなかった。そのことを示しているのが表6-3である。

　これから明らかなように、1980年代以降、いずれの規模の漁船も減少傾向

表6-3　漁船の規模別隻数の推移（1973年～2018年）

	200トン以上	20～199トン	10～19トン	10トン未満
1973年	1,562 隻	6,566 隻	6,404 隻	16.3 万隻
1978年	1,555	5,818	8,517	16.3
1983年	1,505	4,883	10,125	16.0
1987年	1,435	3,575	9,677	14.8
1993年	1,132	2,280	9,638	13.4
1998年	933	1,575	9,336	11.9
2003年	703	1,142	8,702	10.4
2008年	440	856	8,446	8.9
2013年	331	706	7,844	7.3
2018年	313	596	7,368	6.2

出所：農林水産省「漁業センサス」

が続いているが、中でも20トン以上規模の漁船の減少が著しい。この規模の漁船は沖合漁業や遠洋漁業に使用されるものであるが、過去30年ほどの間に5分の1ないし6分の1にまで減少した。特に200トン以上の大型船については諸外国政府による200海里水域の設定やFAO等による国際的な水産資源管理の強化等の中で減船が進んだ。また、20～199トン規模の漁船は沖合漁業の不振や国の政策によって減船が進められた側面が強い[9]。

　20トン未満規模の漁船も過去40年ほど減少傾向にあるが、比較的緩やかである。10～19トン規模の漁船数は1983年と2018年の比較で3割弱の減少にすぎないし、10トン未満規模の漁船も6割ほどの減少にとどまっている。ただし、20トン未満の漁船の場合、高船齢化が進んでいる。2018年には5～9トン規模の漁船のうち83％が船齢20年以上であるし、10～19トンの漁船では72％が20年以上である。それゆえ、そうした船の所有者である個人経営者の高齢化と相まって、今後、20トン未満漁船の数もかなり減少する可能性が高い。

　いずれにしても、水産物の国内生産量の減少と共に、担い手の減少・高齢化と漁船の減少・高齢化も進んでいる。

9）減船の動向や理由についての詳細は水産庁『水産白書　令和2年版』p.54～56を参照されたい。

（4）輸入依存度の上昇

　担い手の減少や高齢化と相まって国内生産量が減少したが、その減少を
補ったのが輸入であった。国内への供給は「国内生産」から「国内生産＋輸
入」へと変わったのである。そのことを明らかにするために作成したのが**図
6-3**である。国内生産が増加傾向にあった"発展期"（1980年代半ばごろま
で）には、国内生産量は輸入量の数倍から10倍以上もあった[10]。それゆえ、
自給率は1987年まで毎年90％以上で、年によっては100％をも超えていた。

　ところが、"停滞期"に入ったあたりから輸入が顕著な増加傾向を示し始
めた。その理由のひとつは、1985年9月の「プラザ合意」[11]を契機とした
円高である。この「合意」によって、円とドルの交換レートは「1ドル＝
240円」ほどから1995年4月19日の「1ドル＝79円75銭」まで変化した。単
純に計算すれば、輸入品の価格は3分の1に低下したのである。当然、輸入
増に拍車がかかった。

　もうひとつの理由は、国内生産量の伸びが止まったにもかかわらず、食用
と非食用の両方で水産物需要の増加が継続したことである。食用は人口の増
加に加えて、1人当たり需要量の点でも1995年まで増加し続けた。そのこと
を「食料需給表」の「1人・1年当たり供給純食料」でみると、同年の1人
当たり需要量41キログラム[12]は30年前の1965年の1.4倍に達した。非食用は

---

10) 1971年には国内生産量944万トンに対し輸入が57万トンで、前者は後者の17倍
　　にのぼった。なお、ここでの数量（生産量、輸入量等）は「食料需給表」の
　　「魚介類」と「海藻類」の合計である。
11) 1985年9月にニューヨークのプラザホテルでG5（先進5カ国首脳会議：（日本、
　　アメリカ、イギリス、フランス、西ドイツ）が開催された時、アメリカの貿
　　易赤字を是正するため「円高、マルク高、ドル安」について合意した。これ
　　が「プラザ合意」である。
12) ここでの「1人当たり需要量」は農林水産省「食料需給表」の「1人・1年
　　当たり供給純食料」の中の「魚介類」と「海藻類」の合計である。

図6-3　水産物の国内生産量、輸入量、自給率の推移

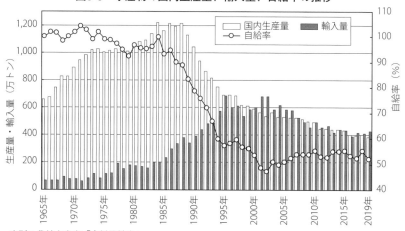

出所：農林水産省「食料需給表」
注：ここでの水産物は「食料需給表」の「魚介類」と「海藻類」の合計である。

　飼肥料としての利用であるが、この年間総需要量は1965年の109万トンから
ピークとなった1988年の458万トンへ[13]、4倍以上に伸びた。
　21世紀に入ると、需要量の減少と相まって輸入量も減少傾向に転じた。1
人当たり需要量は2019年に25キログラムまで減り、飼肥料需要量も162万ト
ンまで減少した。そして輸入量はピークであった2002年の682万トンから
2019年の426万トンへ、4割弱減少した。
　輸入量が減ったとは言え、国内生産量も減少したことから、21世紀になっ
て以降、自給率の大きな変化は認められない。ほぼ50％前後から55％の間で
変動しているにすぎない。今や、国内への水産物の供給は国内生産と輸入の
両方で担っていると言えよう。

---

13)　飼肥料の需要量は「食料需給表」の「消費仕向量」である。

【課題】

1．漁法（魚の捕り方）について調べてみよう。

2．日本の漁業就業者を増やす方策について皆で議論してみよう。

3．国産水産物と輸入水産物のメリット、デメリットを比較してみよう。

【参考文献】

・水産庁『水産白書　令和2年版』農林統計協会・2020年

・濱田武士『魚と日本人』岩波新書・2016年

・濱田武士『日本漁業の真実』筑摩書房・2014年

7　食品加工業の展開とフードシステムの中の位置

　私たちの食卓には多くの加工食品が並んでいる。食品工場やスーパーマーケット内の調理スペース等、家庭外で製造、調理された食品を購入する機会が多くなっている。近年では飲食に関わる最終消費額の50%以上が加工食品の消費となっている。いわゆる「食の外部化」の進展である。この章では、私たちの食生活に欠かせないものとなっている加工食品の生産段階の状況や製造企業の有り様、および輸入原料にも依存する食品加工業の特徴等についてみていこう。

（1）食品加工と加工食品

　食品の加工あるいは加工食品といっても、精米・精麦した米や小麦等から、冷凍食品、菓子、調理弁当まで、そこには加工の度合いが異なる様々な食品を含まれる。古くからある食品加工の主な目的は、①保存性を高める、②食べやすくする、③味を良くする等である。厳密な定義ではないが、一般的に加工には、一次加工（原料の性質・本質を変更することのない加工。例えば小麦に乾燥・粉末化等の物理的処理を加え小麦粉を製造する等）、二次加工（小麦粉等基本原料にその他の原料を加えるなどして、発酵、焼き上げを行いパンという別の食品を製造する等）、三次加工（小麦粉を使用して作ったパン種を冷凍保存し需要に応じて焼き上げる等）と、処理工程の段階性がある。なお、二次加工、三次加工は高次加工とも称される。

　漬物やみそ、切り干し大根や干し柿等々、日本において食品の加工は広く家庭内で行われてきたが、今日ではそうした加工工程は主に家庭外で行われる。本章で扱う加工食品は、従来家庭内で行われてきた食品加工および調理等の家事労働が家庭外で行われ、商品化したものであると言ってよい。これ

ら加工食品を生産するのは食料品製造業（以下、食品加工業）であり、産業としては経済産業省管轄の工業部門に属する。調理に加え配膳や後片付けといった食事全体に関わる労働が外部化した「外食」とともに、加工食品や食品加工業は「食の外部化」で大きな役割を果たしている。

（2）加工食品の多様性

　これまで日本における加工食品の定義に関わる法制度としては、「食品衛生法」や「農林物資の規格化などに関する法律（以下、JAS法）」等があった。それぞれ目的が異なり、管轄するのが厚生労働省と農林水産省であったことから、例えば塩干魚介は「JAS法」では加工食品扱いであったが、「食品衛生法」では加工食品の範疇に入らないといった問題が生じていた。そのため、2003年の「食品安全基本法」の成立や2009年の消費者庁の発足を機に、特に安全面に関連した食品の法制度の統一が図られ、2013年成立の「食品表示法」によって加工食品の定義が整理された。現在、食品表示基準として用いられている加工食品の定義は「製造又は加工された食品」で、具体的には**表7-1**のような種類がある。加工食品の幅広さ、多様性が理解できよう。

（3）食品加工業の推移と現状

1）食品加工業の規模

　2018年における日本の製造業全体の製造品出荷額は約330兆円で、食品加工業はその1割に相当する30兆円規模の大きな産業である。これまでの産業動向を経済産業省「工業統計調査」の「食料品製造業」の数値から確認しよう。
　表7-2は、食品加工業の事業所数、従業者数、出荷額を事業所規模（従業員規模）別、年次別にまとめたものである。全体をみると、約30年間に事業所数が4万5,091から2万4,440へと、ほぼ半減している一方、出荷額は1990

表7-1　加工食品の分類と品目例

分類	具体的品目例
麦類	精麦
粉類	米粉、小麦粉、雑穀粉、豆粉、いも粉、調整穀粉、その他の粉類
でん粉	小麦でん粉、とうもろこしでん粉、甘しょでん粉、ばれいしょでん粉、タピオカでん粉等
野菜加工品	野菜缶・瓶詰、トマト加工品、きのこ類加工品、塩蔵野菜・野菜漬物、野菜冷凍食品等
果実加工品	果実缶・瓶詰、ジャム・マーマレード、果実漬物、乾燥果実、果実冷凍食品等
茶、コーヒー等	茶、コーヒー製品、ココア製品
香辛料	ブラックペッパー、ホワイトペッパー、レッドペッパー、シナモン、クローブ、ナツメグ等
めん・パン類	めん類、パン類
穀類加工品	アルファー化穀類、米加工品、オートミール、パン粉、ふ、麦茶、その他の穀類加工品
菓子類	ビスケット類、米菓、油菓子、生菓子、和干菓子、キャンデー類、チョコレート類等
豆類の調製品	あん、煮豆、豆腐・油揚げ類、ゆば、凍り豆腐、納豆、きなこ、ピーナッツ製品等
砂糖類	砂糖、糖蜜、糖類
その他の農産加工品	こんにゃく、その他1から12までに分類されない農産加工食品
食肉製品	加工食肉製品、鳥獣肉の缶・瓶詰、加工鳥獣肉冷凍食品、その他の食肉製品
酪農製品	牛乳、加工乳、乳飲料、練乳及び濃縮乳、粉乳、発酵乳・乳酸菌飲料、バター等
加工卵製品	鶏卵の加工製品、その他の加工卵製品
その他の畜産加工品	蜂蜜、その他14から16までに分類されない畜産加工食品
加工魚介類	素干魚介類、塩干魚介類、煮干魚介類、塩蔵魚介類、缶詰魚介類、練り製品等
加工海藻類	こんぶ、こんぶ加工品、干のり、のり加工品、干わかめ類、干ひじき、干あらめ、寒天類
その他の水産加工品	18及び19に分類されない水産加工食品
調味料及びスープ	食塩、みそ、しょうゆ、ソース、食酢、調味料関連製品、スープ、その他の調味料・スープ
食用油脂	食用植物油脂、食用動物油脂、食用加工油脂
調理食品	調理冷凍食品、チルド食品、レトルトパウチ食品、弁当、そうざい、その他の調理食品
その他の加工食品	イースト、植物性たんぱく・調味植物性たんぱく、麦芽・麦芽抽出物・麦芽シロップ等
飲料等	飲料水、清涼飲料、酒類、氷、その他の飲料

出所：内閣府令第十号「食品表示基準」別表第1
注：「茶、コーヒー等」は正しくは「茶、コーヒー及びココアの調整品」。

表 7-2　食品加工業の規模の推移

	事業所数 (上段：事業所、下段：%)			従業者数 (上段：人、下段：%)			製造品出荷額等 (上段：百万円、下段：%)		
		従業員規模			従業員規模			従業員規模	
	合計	4-29 人	30 人以上	合計	4-29 人	30 人以上	合計	4-29 人	30 人以上
1990 年	45,091	38,057	7,034	1,090,403	394,256	696,147	20,746,577	4,941,228	15,805,349
	100.0	84.4	15.6	100.0	36.2	63.8	100.0	23.8	76.2
1995 年	42,147	34,761	7,386	1,136,236	373,073	763,163	23,537,822	5,126,890	18,410,932
	100.0	82.5	17.5	100.0	32.8	67.2	100.0	21.8	78.2
2000 年	39,395	32,007	7,388	1,127,177	347,494	779,683	23,673,084	4,801,314	18,871,771
	100.0	81.2	18.8	100.0	30.8	69.2	100.0	20.3	79.7
2005 年	34,196	27,080	7,116	1,104,292	301,802	802,490	21,974,537	3,852,549	18,121,988
	100.0	79.2	20.8	100.0	27.3	72.7	100.0	17.5	82.5
2010 年	30,282	23,000	7,282	1,122,817	273,096	849,721	23,270,364	4,823,575	18,446,789
	100.0	76.0	24.0	100.0	24.3	75.7	100.0	20.7	79.3
2015 年	28,239	20,678	7,561	1,109,819	233,051	876,768	28,102,190	3,816,444	24,285,746
	100.0	73.2	26.8	100.0	21.0	79.0	100.0	13.6	86.4
2018 年	24,440	16,857	7,583	1,145,915	213,739	932,176	30,168,708	3,594,115	26,574,593
	100.0	69.0	31.0	100.0	18.7	81.3	100.0	11.9	88.1

出所：経済産業省「工業統計調査」
注：1）2007 年調査において調査項目が変更したことにより、「製造品出荷額等」は 2006 年以前と接続しない。
　　2）2015 年の数値は経済センサスより。
　　3）「製造品出荷額等」は「工業統計調査」各年のデータを消費者総合指数（総合）（2015 年＝100）でデフレートした数値。

年の21兆円ほどから30兆円へ、ほぼ1.5倍の増加をみせている。

　事業所規模に注目すると、1990年時点で従業員規模「4〜29人」の小規模事業所[1]が84.4％を占めているように、日本の食品加工業は家内工業的な小規模な事業所が中心となって担っていた。表にはないが、「工業統計調査」では従業員数3名以下の零細な事業所数も推計されており、1990年時点で2万1,358事業所となっている。この推計値も含めると、1990年時点では、総事業所数6万6,449のうち従業員3人以下の事業者が32.1％、4〜29人の事業者が57.3％と、約9割が小規模零細なものであった。その後小規模事業所数の割合は年々減少した。特に2000年代以降の縮小が目立つ。一方、出荷額

1）中小企業基本法における企業規模（従業員数）の定義は、製造業の場合、中小企業が300人以下、小規模企業者が20人以下となっている。ここでの数値はその定義に当てはまらないが、便宜上29名以下を小規模企業、30名以上を大中規模企業と呼んでいる。

に注目すると、1990年時点ですでに76.2％を占めていた大中規模事業所の割合は2018年には88.1％に拡大した。これらから、かつての小規模零細事業所中心から、大中規模事業所中心へと再編されたことがうかがえる。

2）食品加工企業の動向

　では、具体的にどのような企業が中心となっているのかをみてみよう。加工食品はその種類が多岐にわたるため、加工食品全体の中での各企業の市場シェア（販売額シェア）を求めることが難しい。それゆえ、ここでは12品目の加工食品を取り上げ、各品目市場のシェア上位企業を**表7-3**にまとめた。

　いずれも上位企業のシェアが高く、加工食品市場の寡占化が進んでいることがわかる。企業合併や名称変更等はあるが、上位企業の顔ぶれに大きな変化がみられない品目が多い。食品製造のためには大規模な設備投資や大量生産のための安定的かつ大量の原料調達チャネルが必要となるため、この市場への新規参入は容易ではないことがわかる。

　従来から寡占的性格が強いビール類市場の場合、キリンとアサヒのシェアが際立って高い。しかし、2001年にシェア首位がキリンからアサヒに交代する等、寡占的であるにもかかわらず競争も激しい。同様に、ハムやソーセージといった食肉加工品市場や冷凍食品市場においても、寡占状況が維持されながらも上位企業間での競争が活発である。

　小麦粉、即席めん類、食用植物油脂、製パン、スナック菓子については、上位1位、2位の合計シェアが大きく伸び、明らかに寡占化が進んでいる。1996年と2016年の比較でみると、小麦粉は上位2社のシェアが57.1％から61.5％へ、即席めん類は56.6％から61.7％へと、それぞれ5ポイント前後伸びた。食用植物油脂の上位2社のシェアは32.8％から61.6％へと大きく上昇し、寡占化が顕著に進行した。そして製パンとスナック菓子は、それぞれ上位1位の企業が5割、6割のシェアを有する「独占的」とも言えるほどの市場となった。

　このような寡占化はM＆A（企業間の合併・買収）等による企業の巨大化

表7-3　加工食品の販売シェア上位企業の比較（1996年-2016年）

品目	順位	1996年 企業名	シェア	2016年 企業名	シェア
ビール類	1	キリン	45.7	アサヒ	39.0
	2	アサヒ	30.8	キリン	32.4
	3	サッポロ	17.4	サントリー	15.7
	4	サントリー	5.1	サッポロ	12.0
	5	オリオン	0.9	オリオン	0.9
ポリPET飲料	1	コカ・コーラ	17.7	コカ・コーラ	24.0
	2	サントリー	15.2	サントリー食品	19.1
	3	アサヒ	11.7	キリン	11.7
	4	キリン	9.6	伊藤園	11.6
	5	大塚製薬	7.5	アサヒ	11.1
小麦粉	1	日清製粉	36.4	日清製粉	38.7
	2	日本製粉	20.7	日本製粉	22.8
	3	昭和産業	7.9	昭和産業	9.1
	4	日東製粉	4.6	日東富士製粉	7.2
	5	千葉製粉	2.8	千葉製粉	3.1
缶瓶詰	1	はごろも	14.8	はごろも	18.2
	2	アラハタ	7.8	アラハタ	6.7
	3	マルハ	4.4	マルハ・あけぼの	6.3
	4	いなば	3.9	HOKO	4.6
	5	明治屋	3.4	ニッスイ	3.7
冷凍食品	1	ニチレイ	16.2	ニチレイ	17.4
	2	加ト吉	10.2	味の素冷凍食品	10.3
	3	味の素	9.0	マルハニチロ	9.3
	4	日本水産	7.8	テーブルマーク	8.3
	5	ニチロ	4.6	日本水産	7.6
即席めん類	1	日清食品	40.4	日清食品	39.1
	2	東洋水産	16.2	東洋水産	22.6
	3	サンヨー食品	13.5	サンヨー食品	10.2
	4	明星食品	8.7	エースコック	8.3
	5	エースコック	6.6	明星食品	7.4

品目	順位	1996年 企業名	シェア	2016年 企業名	シェア
植物油脂（食用）	1	日清製油	19.9	日清オイリオグループ	32.4
	2	ホーネン	12.9	Jオイルミルズ	29.2
	3	味の素	11.5	昭和産業	8.7
	4	昭和産業	8.9	理研農産加工	3.7
	5	吉原製油	8.6	ボーソー油脂	3.1
みそ	1	マルコメ	13.6	マルコメ	25.3
	2	ハナマルキ	7.0	ハナマルキ	11.9
	3	かねさ	5.1	ひかり味噌	8.9
	4	マルサン	4.8	マルサンアイ	5.1
	5	神州一	3.5	神州一	3.8
食肉加工品	1	日本ハム	20.9	日本ハム	18.8
	2	伊藤ハム	19.5	伊藤ハム	16.8
	3	プリマハム	12.6	丸大食品	15.2
	4	丸大食品	8.2	プリマハム	13.1
	5	雪印食品	7.9	米久	7.9
製パン	1	山崎製パン	34.8	山崎製パン	53.6
	2	敷島製パン	16.2	フジパン	16.2
	3	タカキベーカリー	6.2	敷島製パン	16.0
	4	フジパン	5.2	神戸屋	7.2
	5	神戸屋	4.9	第一屋製パン	3.4
レトルト食品	1	明治製菓	24.3	明治	27.0
	2	ロッテ商事	19.6	ロッテ商事	17.8
	3	江崎グリコ	14.0	江崎グリコ	11.8
	4	森永製菓	12.8	ネスレ日本	7.5
	5	不二家	5.5	森永製菓	6.1
スナック菓子類	1	カルビー	35.0	カルビー	66.2
	2	湖池屋	9.1	湖池屋	9.3
	3	東ハト	7.3	おやつカンパニー	6.7
	4	明星食品	8.3	ヤマザキビスケット	5.3
	5	ヤマザキナビスコ	5.8	東ハト	3.9

出所：日刊経済通信社「酒類食品産業の生産・販売シェア」各年度版
注：1）ビール類については、1996年はビールと発泡酒、2016年はビール・発泡酒・新ジャンルとビールの販売額合計のシェア
　　2）即席めん類は袋物とカップ物の合計

にともなって進行した。例えば食用植物油脂の2大メーカーである日清オイ
リオグループとJ-オイルミルズは、いずれも2000年代以降に国内外の企業と
の経営統合や業務連携を意欲的に進めた。日清オイリオグループは、日清製
油株式会社、ニッコー製油株式会社（1980年に設立。日清製油と丸紅が出
資）、リノール油脂株式会社（1947年に設立）、日清オイリオ株式会社（日清
製油の営業部門を継承する方式で会社分割して2002年に設立）の4社統合に
より2004年に誕生した[2]。J-オイルミルズは、2002年に味の素製油株式会社
と株式会社ホーネンコーポレーションが経営統合し（持ち株会社としての株
式会社豊年味の素製油の発足）、さらに2003年に吉原製油株式会社が経営統
合に参画した[3]。

　国内市場で寡占化を進める食品加工企業の中には、世界の大手企業に伍し
て食料品売上高で上位に位置する企業も現れている。2019年の企業別食料品
売上高の順位をみると、世界第1位の企業はスイスに本社を置くネスレ社
（2019年で食料品売上802億USドル）、次いでアメリカのペプシコ（同647億
USドル）であるが、日本の企業は16位にサントリー（同209億USドル）、19
位にアサヒグループ（同188億USドル）、25位にキリンホールディングス（同
143億USドル）、38位に日本ハム（同108億USドル）、45位に明治ホールディ
ングス（同96億USドル）、48位に山崎製パン（同90億USドル）と、50位以
内に6社が入る[4]。

　いずれにしても、食品加工業全体としての規模が増大すると同時に、市場
の寡占化をともないつつ個別企業の大規模化も進行しているのである。

2）日清オイリオグループ株式会社ホームページ（https://www.nisshin-oillio.
　com/）（最終閲覧日2021年1月5日）より。
3）株式会社J-オイルミルズホームページ（https://www.j-oil.com/）（最終閲覧日
　2021年1月5日）より。
4）Food Engineering, 2020 Top 100 Food & Beverage Companiesより。

3）加工食品の輸出振興

　企業規模の拡大が進む中、日本の食品加工企業は加工食品の輸出にも力を入れている。

　その背景のひとつは、近年、日本では少子高齢化が進み、人口が縮小傾向にあることである。これにともない国内の食料需要が縮小しているため、新たな販路としての海外市場の開拓が重要性を増している。もうひとつは、政府が日本食あるいは日本産食品といった日本ブランドの食品の海外マーケティングを主要政策のひとつとして積極的に推進していることである。そのため、政府は2019年11月に「農林水産物及び食品の輸出の促進に関する法律」を公布し、2020年4月から施行した。

　政府のバックアップを受けて、日本の農林水産物・食品の輸出額は2019年に9,121億円（うち農産物5,878億円、水産物2,873億円、林産物370億円）[5]に達したが、そのうち農産物については55.6％（3,271億円）、水産物については24.7％（710億円）が加工食品である。日本の農林水産物・食品の輸出において加工食品は重要な戦略商品である。

4）加工食品原料としての輸入品

　私たちの食生活に欠かせない商品である加工食品の安定的な供給のためには、その原料農水産物の安定的な調達が重要である。野菜加工品を例にとると、**図7-1**のような原料野菜の調達経路と段階的な加工を経ながら最終加工品として消費者等の需要者に到達する経路がある。その中で野菜加工品の原料として国内産の生鮮野菜があるのはもちろんであるが、それとともに輸入生鮮野菜と輸入加工野菜がある。

　加工・業務用需要に占める輸入生鮮野菜と輸入加工野菜のシェアは、1990年代初めには10％程度であったものが、2000年代には30％超まで増加するが、

5）農林水産省食料産業局資料より。

図7-1　加工用野菜と野菜加工品の流通経路

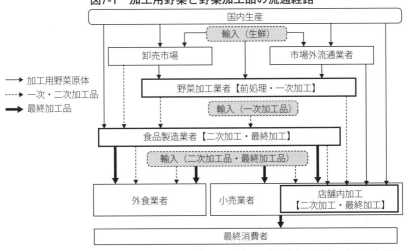

資料：野菜加工業者聞取り及び農林水産省「加工・業務用野菜をめぐる状況」（2018年）等を
　　　参照に筆者作成。
出所：野菜加工業者聴取調査、農林水産省「加工・業務用野菜をめぐる状況」（2018年）

　その後は横ばいとなり、近年も30％前後で推移している[6]。

　この変化の背景として、まず輸入増加に関して1985年以降の円高基調への
転換と1990年代初期のバブル経済の崩壊とがあげられる。円高による輸入品
の価格低下が、バブル崩壊による消費者の低価格志向に合致したのである。
当時、輸入を増やすため、日本の食品関連企業の海外直接投資が活発化し、
多くの企業がアジアを中心に海外加工工場を設けたほどである。もちろん、
1980年代におけるリーファー・コンテナ[7]の普及という輸送技術の発展が、

6）主要野菜13品目の調査結果より（小林茂典「主要野菜の加工・業務用需要の
　　動向と国内の対応方向」『野菜情報』2017年11月号）。
7）野菜の輸送に使用するコンテナで、プラス25度からマイナス25度の間で温度
　　を定温管理することができ、冷凍野菜、生鮮野菜の輸送に適している。また
　　CA（コントロールド・アトモスフィア）貯蔵機能やエチレン除去機能といっ
　　た高度な機能を付加し、鮮度を保ったまま輸入することが可能である（藤島
　　廣二『リポート輸入野菜300万トン時代』家の光協会、1997年参照）。

輸入の増加を可能にしたことは言うまでもない。

　シェアが横ばい傾向に転じた背景は、輸入品の安全性に関する不信感である。2002年から2005年にかけて中国産冷凍ホウレンソウの残留農薬問題が大きな社会問題となり、また2008年には中国産冷凍餃子による薬物中毒事件等が発生したが、こうしたことをきっかけに加工食品原料の産地に気を配る消費者が増えたことが大きく影響した。日本人の「国産信仰」が強まったのも、輸入品の安全性への不信感からであった。

　野菜加工品以外の原料調達に関しては、食品需給研究センターが2010年に食料品製造業者（食品加工業者）を対象に実施したアンケート調査が参考になる。その調査結果を基に原料農林水産物の国産割合と業種および売上高の関係を整理したのが**表7-4**である。

　これによれば、「清涼飲料・酒類」「野菜缶詰・果実缶詰他」「畜産食料品」の業者で国産原料を仕入れる割合が高いのに対し、「茶・コーヒー」「動植物油脂」「パン・菓子」「糖類」「製穀・製粉」「調味料」等で、逆に輸入原料の仕入割合が高く、業種数も多い。表には載せていないが、「茶・コーヒー」では国産原料仕入割合が80％以上の企業比率が高い。茶が国産原料、コーヒーが輸入原料というかたちで分かれているからであろう。国産原料仕入割合が低い業種の場合、使用する加工原料、例えばコーヒー豆はもちろんであるが、油脂類、小麦粉、砂糖原料等はいずれも自給率が低いことが注目される（2019年度の品目別自給率は小麦17％、油脂類13％、小麦17％、砂糖類34％）[8]。

　売上高別にみると、売上高が50億円未満または300億円未満といった比較的小さい企業では、国産原料仕入割合80％以上または50％以上に区分される企業の比率が比較的高い。これに対し、売上高「300～1,000億円未満」と「1,000億円以上」の層では、国産原料仕入割合10％未満とする企業の割合がそれぞれ45％、46％と多くを占め、国産原料仕入割合「10～50％未満」と

8）農林水産省「令和元年度食料自給率について」より。

表7-4　食料品製造業者の農林水産物仕入額に占める国産原料仕入割合

		回答数 (社)	計 (%)	国産原料仕入割合			
				10%未満 (%)	10〜50% (%)	50〜80% (%)	80%以上 (%)
	計	620	100.0	24.4	28.9	15.8	31.0
業種	畜産食料品	43	100.0	20.9	20.9	18.6	39.5
	水産食料品	81	100.0	22.2	30.9	18.5	28.4
	野菜缶詰・果実缶詰他	51	100.0	9.8	19.6	19.6	51.0
	調味料	53	100.0	26.4	34.0	22.6	17.0
	糖類	5	100.0	20.0	80.0	—	—
	製穀・製粉	49	100.0	18.4	40.8	14.3	26.5
	パン・菓子	69	100.0	29.0	33.3	15.9	21.7
	動植物油脂	13	100.0	46.2	15.4	15.4	23.1
	清涼飲料・酒類	63	100.0	7.9	12.7	6.3	73.0
	茶・コーヒー	13	100.0	53.8	—	7.7	38.5
	その他食料品	180	100.0	31.7	33.3	15.6	19.4
売上高	50億円未満	481	100.0	22.2	28.5	15.4	33.9
	50〜300億円未満	106	100.0	27.4	28.3	18.9	25.5
	300〜1,000億円未満	20	100.0	45.0	35.0	15.0	5.0
	1,000億円以上	13	100.0	46.2	38.5	7.7	7.7

出所：食品需給研究センター「食品製造業における原料調達の課題と対応策－食品製造業アンケート結果」
注：食品需給研究センターが2010年に全国の食品製造業から3,100を抽出し実施したアンケート調査（有効回答数620）。

　併せると、8割以上の企業が国産原料仕入割合の方が少ない。
　食品加工原料として国産農産物を利用する際の課題として、ロット（量）と供給の安定性が指摘されるが、この条件を満たす食品加工原料を大量に確保する必要のある大規模企業ほど輸入原料に依存せざるをえないのであろう。ただし、食品加工企業の中で寡占化が進んでいる業種の多くが、小麦やナタネ（油脂原料）等自給率が低い穀物・油糧種子を原料とする分野であることを考慮すると、輸入に依存する業種ほど寡占化が進みやすいとも考えられる。

【課題】

1．自分の毎日の食生活の中で、どのような加工食品をどれだけ消費しているか調べてみよう。

2．加工食品原料として国内の農水産物の利用を拡大していくためにはどのような方法があるか考えてみよう。

3．食品加工業等の寡占化が進むと、どのようなことが起きる可能性があるか、について皆で議論してみよう。

【参考文献】

・美土路知之『食品市場の展開と地域フードビジネス』東京農業大学出版会・2004年
・藤島廣二他『現代の農産物流通』全国農業改良普及支援協会・2006年
・メラニー・ウォーナー『加工食品には秘密がある』草思社・2014年

8 穀物の流通システム

　私たちが生きるために欠かせない食料のうち、世界の多くの国々で主食となっているのが穀物である。本章では、なぜ穀物が世界の主食となっているのかを踏まえ、日本における穀物の需給構造とその流通の仕組み、またそれらに大きな影響を与えている世界の穀物市場についてみていこう。

（1）穀物の商品特性

　世界の三大穀物と呼ばれる主な穀物は、小麦、トウモロコシ、米（イネとも称される）である。その他にも、大麦やえん麦、ヒエやアワ等、一般的に雑穀と呼ばれる穀物がある。日本で古くからイネ、ムギ、アワ、ヒエ（またはキビ）、ダイズ（またはアズキ）を「五穀」と呼んでいたように、マメ類やソバ等を穀物に含める場合もある。

　世界の穀物生産量は、**図8-1**にみるように、1961年の8億8,000万トンから2019年には29億8,000万トンへと3倍以上に増大した。生産量の最も多い穀物はトウモロコシであり、2019年には世界で11億5,000万トンが生産された。次いで小麦の7億7,000万トン、米の5億トンとなっている。近年では特にトウモロコシの生産量が増加している。

　これら穀物は、日本をはじめアジア諸国における白米、ビーフンやフォー等米を使った麺、小麦を原料とする欧米のパンやパスタ、インドのナン、トウモロコシを原料とする中南米のトルティーヤ等、世界の多くの国々において主食として消費されている。また、穀物は直接食するだけではなく、家畜の飼料や加工にも多く用いられる。トウモロコシを例にとると、USDA（PSD onlineデータ）によれば、2019/2020年（2019年産を意味する）の世界のトウモロコシ需要11億5,000万トンのうち、飼料用が7億3,000万トン、食

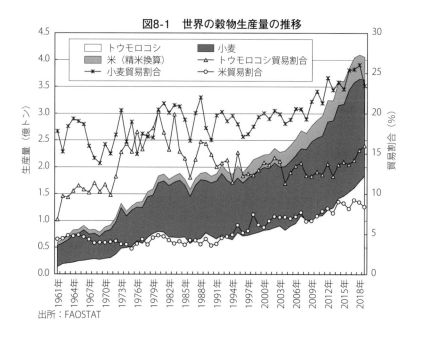

図8-1　世界の穀物生産量の推移

出所：FAOSTAT

用その他が４億2,000万トンとなっており、全体の63.4％が飼料として消費されている。近年のトウモロコシの生産量の増加は、食肉消費の増大にともなう飼料需要の増加が背景にある。

　穀物が主食や飼料として重要な食料である第１の理由は、その成分である。穀物の主な成分は３大栄養素のひとつである炭水化物である。可食部[1]100グラムに占める炭水化物量はうるち米（精白米）77.6グラム、小麦（国産）77.2グラム、トウモロコシ70.6グラム（「七訂日本食品標準成分表」）である。炭水化物のもっとも大きな役割は体のエネルギー源となることで、炭水化物が分解されてできるぶどう糖は、特に脳や神経組織等の活動にとって不可欠なものである。

　第２の理由として、その保存性の高さがあげられる。これによって、例え

1）可食部とは、農水産物や食品のうち、皮や骨等の廃棄部分を除去した食べることができる部分をいう。

ば日本における米のように、収穫は1年間のうち秋に1回であっても、適切に保管することによって収穫後長期に渡って消費できる。また、他の農産物と比較して、品質を損なわず長距離、長時間の輸送を行うことが容易である。

(2) 日本の穀物需給の特徴

表8-1は、日本における食料全体および穀物関係の自給率の推移を示したものである。食料全体の自給率は供給熱量ベース[2]で近年40％を切る低水準で推移しており、多くを輸入食料に依存していることがわかる。

主食である米の自給率はほぼ100％であるが、一方でパンや麺の原料となる小麦の自給率は極めて低い。そのため、主食用穀物全体での自給率は60％で、食の洋風化が進むにともない主食用穀物自給率も低下傾向にある。また、トウモロコシ等飼料の自給率は25％前後と1980年代以降低い水準で横ばいとなっている。こうした飼料用穀物を含めると、日本の穀物全体の自給率は2019年で28％と低い。現状では、私たちが生きていくために欠かせない穀物

表 8-1　日本の食料および穀物自給率

(単位：%)

年度	食料自給率 (熱量ベース)	米の自給率	小麦の自給率	主食用穀物 自給率	飼料自給率	飼料用を含む 穀物全体の自 給率
1965	73	95	28	80	55	62
1975	54	110	4	69	34	40
1985	53	107	14	69	27	31
1995	43	104	7	65	26	30
2005	40	95	14	61	25	28
2015	39	98	15	61	28	29
2019	38	97	16	61	25	28

出所：農林水産省「食料需給表」
注：2019年度は概算。

2) 食料自給率の供給熱量（カロリー）ベースとは、各食料の生産量や輸入量を熱量（カロリー）に換算して、国民に供給される熱量のうち国内生産の割合がどれだけであるかを示したものである。各熱量は、「日本食品標準成分表」に基づいて計算される。食料自給率は供給熱量（カロリー）ベース以外に、各食料の経済的価値に着目した生産額ベースでも算出されている。生産額ベースの総合食料自給率は2019年度で66％となっている。

表8-2　日本における穀物需給の内訳（2019年度）

（単位：1,000 トン、国内消費仕向量の下段は%）

	国内生産量	輸入量	輸出量	在庫増減量	国内消費仕向量						
						飼料用	種子用	加工用	純旅客用	減耗量	粗食料
穀類	9,456	24,769	121	515	32,977	14,685	74	4,894	43	324	12,957
					100.0	44.5	0.2	14.8	0.1	1.0	39.3
米	8,154	870	121	10	8,281	393	39	288	25	151	7,385
					100.0	4.7	0.5	3.5	0.3	1.8	89.2
小麦	1,037	5,312	0	26	6,323	630	19	269	18	162	5,225
					100.0	10.0	0.3	4.3	0.3	2.6	82.6
大麦	202	1,689	0	30	1,861	914	5	885	0	2	55
					100.0	49.1	0.3	47.6	0.0	0.1	3.0
裸麦	20	39	0	16	43	0	1	5	0	1	36
					100.0	0.0	2.3	11.6	0.0	2.3	83.7
とうもろこし	0	16,227	0	396	15,831	12,260	2	3,447	0	4	118
					100.0	77.4	0.0	21.8	0.0	0.0	0.7
こうりゃん	0	454	0	34	420	420	0	0	0	0	0
					100.0	100.0	0.0	0.0	0.0	0.0	0.0
その他の雑穀	43	178	0	3	218	68	8	0	0	4	138
					100.0	31.2	3.7	0.0	0.0	1.8	63.3

出所：農林水産省「食料需給表」

の多くを輸入に依存していることがわかる。

　表8-2で穀物需給の内訳をみると、国内消費仕向量がもっとも多い穀物はトウモロコシの1,583万トンである。次いで主食である米828万トン、小麦632万トンである。国内消費に向けられた穀類の用途をみると、全体では飼料用が44.5％、加工用が14.8％で、家庭での消費等に向けられる粗食料用[3]は39.3％である。品目別にみると、米や小麦は粗食料としての利用が8割以上と高いが、トウモロコシは8割弱が飼料用、2割が加工用であり、直接的な食用としての消費はほとんどない。

　こうした米以外の輸入穀物への依存、特に飼料用穀物の輸入依存を緩和するため、近年日本では飼料用米の生産に力を入れており、2019年には約39万トンが生産された。2020年3月に閣議決定された「食料・農業・農村基本計

3）「食料需給表」における粗食料とは、国内消費仕向量から、飼料用、種子用、加工用、純旅客用、減耗量（生産・輸送・保存段階で失われ家庭の台所に届かなかった量）を減じた部分である。純旅客用は2018年度から食料自給率の算出に加えられた項目で、一時的な訪日外国人による消費分から一時的な出国日本人による消費分を控除した数量である。

画」の中で飼料用米が戦略的作物のひとつと位置づけられており、今後生産
の拡大が期待される。

（3）輸入穀物の流通構造

国内流通が中心である米については第13章でとりあげるので、ここでは輸入穀物の流通を中心にみていこう。

輸入穀物の流通は輸出国や品目によって異なるが、アメリカからの穀物輸入を念頭に比較的共通な要素をまとめた流通経路図を**図8-2**に示した。第1の特徴は、流通の各段階においてサイロ等として保管・調整のための物流機能が重視されている点である。輸出国

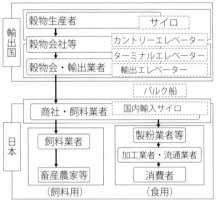

図8-2　輸入穀物の流通経路（概要図）

出所：筆者作成

の産地で生産された穀物は、生産者が所有するサイロ、産地全体から集荷された穀物が集まるカントリーエレベーター[4]、さらには移出港のターミナルエレベーター等での保管・調整過程を経て輸出される。次の項でみるように、トウモロコシ等の穀物や大豆は商品取引所の先物取引等で価格が形成されるため、価格動向をうかがいながら流通各段階での出荷が行われる。穀物の保存性の高さがこうした取引を可能としている。カントリーエレベーターやターミナルエレベーターは独立した事業者が運営している場合もあれば、穀

4）カントリーエレベーターとは、穀物や大豆等の大型貯蔵施設で、収穫後の穀物の貯蔵、調整、出荷までを行うものである。このうち、産地全体、あるいは輸出港等で広範囲の穀物を集積し、産地からの移出や国外への輸出のために貯蔵するカントリーエレベーターをターミナルエレベーターと呼ぶ。

物メジャー等の穀物会社や輸出業者等が所有する場合もある[5]。第2の特徴は、輸入された穀物が実需者（飼料用であれば畜産農家、食用であれば加工業者や消費者）にたどり着くまでの過程で、飼料業者や製粉業者等の基本的な加工（一次加工）を行う事業者が関わる点である。第3の特徴は、上記の特徴を持った穀物流通が世界レベルで円滑に機能するために、穀物メジャーと呼ばれる多国籍穀物会社、総合商社や農協の系統組織が大きな役割を果たしている点である。以下、それぞれについてさらにみていこう。

1）穀物メジャー

　1970年代、農業の生産・加工・流通に関わるグローバルな事業活動を行う多国籍企業が成長した。その中で、アメリカの穀物輸出を中心に巨大化したカーギル（Cargill）、コンチネンタル・グレイン（Continental Grain）、ブンゲ（バンジ）（Bunge）、ルイ・ドレファス（Louis Dreyfus）、アンドレ・ガーナック（Andre Garnac）が5大穀物メジャーと呼ばれるようになった。その後、倒産する企業やカーギルによるコンチネンタル・グレインの穀物事業部門の買収等が行われる一方で、アーチャー・ダニエルズ・ミッドランド（ADM）やコナグラ（Conagra）等の新たなアグリビジネス企業が成長した。ADMは、1992年にガーナックのアメリカ国内施設の買収、1993年にルイ・ドレファスの施設のリースを取得する等、1990年代にアメリカ国内の穀物会社や農協の買収を進めて急成長した[6]。顔ぶれは変わっているが、現在も穀物市場はカーギルやADMに代表される少数の穀物メジャーが中心となっている。

　アメリカを本拠地とするカーギルは、2015年に創業150年を迎えた世界最大の穀物メジャーである。世界70か国・地域で事業を展開し、125以上の

5）物流に関して、穀物は多くの場合、包装したりコンテナに入れたりすることなく、直接船積みして海を渡る。その輸送に使われるのがバルク船（ばら積みの貨物船）である。

6）磯田宏『アメリカのアグリフードビジネス』日本経済評論社、2001年、p.41。

国々に様々な財を供給している。主な事業として、穀物と油糧作物の一次加工、流通、食品加工、金融サービス、工業用原料の提供、工業製品加工のほか、畜産業への進出、北米の農民への営農支援等も行っている[7]。

2）総合商社

　日本では、外国貿易取引の割合が大きく規模の大きい卸商を商社と呼ぶ。その中で多様な商品を取扱い、また機能や事業の多角化が進んでいる商社を総合商社と呼ぶ[8]。

　日本の総合商社の中で、世界の穀物メジャーと並ぶ事業規模をもっているのが丸紅株式会社（以下、丸紅）である。丸紅は、世界68か国・地域に拠点を持ち、58の海外事業所と29の海外現地法人を有している[9]。その事業は、「生活産業」「食料・アグリ・化学品」「エネルギー・金属」「電力・インフラ」「社会産業・金融」「次世代事業開発（デジタルイノベーション）」と多岐に渡る。穀物に関しては、2013年にアメリカの穀物会社ガビロン社を買収した。これにより、丸紅の穀物取扱量は日本の総合商社の中でトップになるとともに、世界の穀物貿易量の1割超のシェアを持ちカーギルに迫るまでとなった[10]。近年では、日本向け穀物の輸入窓口としてだけではなく、アメリカやブラジル、アルゼンチン等からの世界規模での穀物調達網を強化し、調達した穀物を畜産物の消費増加によって飼料需要が増加している中国や東南アジア諸国等の新興国へ輸出する事業にも力を入れている。また子会社を含めた丸紅グループ全体で日本国内7か所に穀物輸入サイロを保有し、国内での飼料原料供給の重要な起点でもある。

7）カーギル社ホームページ（https://www.cargill.com/home）（最終閲覧日：2020年12月28日）
8）岩波書店『経済学辞典』による「総合商社」の説明を参照。
9）丸紅株式会社ホームページ（https://www.marubeni.com/jp/）（最終閲覧日：2020年12月28日）
10）「日本経済新聞」（2012年5月30日）より。

3）農協（農業協同組合）系統

　農協（農業協同組合）は、農業生産者を主要な組合員とする協同組合である。その組織は、地域レベル、都道府県レベル、国レベルと３つの段階（一部事業や地域においては２段階）から成り立っており、農協系統や系統組織と呼んでいる。輸入穀物の流通において重要な役割を果たしているのは、農協の経済事業の全国組織である全農（全国農業協同組合連合会）である。輸入穀物を中心とする家畜用飼料の原料を調達し、グループ会社の飼料工場で配合飼料を製造する畜産生産事業は、全農の主要な事業のひとつである。

　まず、原料の調達において、全農は1979年にアメリカのルイジアナ州に穀物の保管や物流拠点となる施設を運営する全農グレイン社を設立した。さらに、1988 年に総合商社のひとつである伊藤忠商事と合弁で穀物地帯での集荷を担うCGBエンタープライズ社も設立し、アメリカの穀物産地から日本までの輸入サプライチェーンを整えた。2015年にカナダ、2017年にブラジルでも合弁会社の設立や投資を行っており、世界規模での飼料原料の穀物の安定的な調達チャネルの構築を進めている[11]。

　そして、全農自身が窓口となって輸入された飼料用穀物は、日本国内に6社ある全農グループの飼料会社（各地のくみあい飼料株式会社）の工場（2020年12月時点で全国19工場[12]）で配合飼料に加工され、都道府県レベル、地域レベルの農協系統組織を通じて、畜産業を営む農協組合員に供給される。全農グループの取扱量は、現在、国内で流通している配合飼料の約３割を占める[13]。

---

11) National Federation of Agricultural Cooperative Associations, ZEN-NOH Report 2018および2019参照。
12) 全農ホームページ（https://www.zennoh.or.jp/operation/chikusei/index. html）（最終閲覧日：2020年12月28日）
13) 全農ホームページ、同上。

（4）世界穀物市場の特徴

　パンやパスタ等の小麦製品、食肉や卵等の消費を通して、私たちの食生活は世界穀物市場に大きく依存している。安定した食生活のためには世界穀物市場の安定が欠かせないが、実は世界穀物市場の大きな特徴は価格の不安定さである。**図8-3**に示すように、過去30年間をみても、価格は常に上下動を繰り返している上に、米は1994年や2008年、トウモロコシと小麦は1996年、2008年、2011年等に急騰していることがわかる。これらの背景には、作況の不良、アジアの新興国等における需要の増加、バイオ燃料用等の穀物の非食用利用の増加といった要因もあるが、以下にあげる世界穀物市場の基本的な特徴が市場を不安定なものにしている。

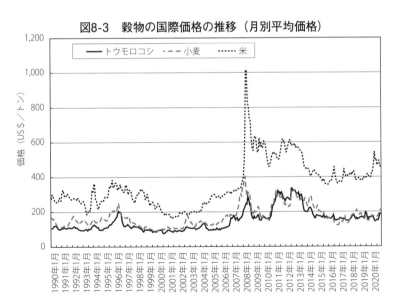

図8-3　穀物の国際価格の推移（月別平均価格）

出所：IMF Primary Commodity prices
注：トウモロコシは「USNo.2 Yellow FOB Gulf of Mexico」、小麦は「No.1 Hard Red Winter ordinary
　　protein Kansas City」、米は「5%broken milled white rice Thailand norminal price quote」の価格。

基本的な特徴の第1は、世界の穀物市場は「薄い市場」であるという点である。「薄い市場」とは、生産量に対する貿易量（貿易率）が小さいことを意味する。穀物の貿易率は2019年でトウモロコシ16.0％、小麦23.4％、米8.4％と、古くからの商品作物であるお茶や工業製品等に比べるとかなり低い[14]。これは、穀物が世界の多くの国で主食として消費されているため、それらの国々では自国内消費を主目的に生産されるためである。供給余剰のある国が輸出国となるが、天候不順等により生産が減少すると自国内消費を優先し、輸出規制等を行う場合がしばしばみられ、国際市場への供給が減少する。そのため、急な供給の減少が価格を高騰させることになる。特徴の第2は、保存性の高さを利用した投機的な取引が行われる点である。前述したように、穀物は保存性が高いため、人の手による市場のコントロール（需給調整）が可能である。穀物の現物価格はシカゴ商品取引所等での先物取引価格の影響を強く受ける。先物取引は、本来生産の季節性に伴う価格変動のリスクヘッジのための取引であるが、実際には価格変動を利用して利益を得る投機目的の投資家等がステイクホールダー（利害関係者）となっている。こうした投資家は穀物の実需者ではないため、投機目的により実際の需給変動から生じる以上の価格変動が起こるリスクを生じさせている。

【課題】
1．世界でどのような穀物がどのような調理法で食されているのか調べてみよう。
2．日本がどのような国から穀物を輸入しているのか調べてみよう。
3．日本の穀物自給率の低さがどのような問題をもたらすか、考えてみよう。

【参考文献】
・磯田宏『アメリカのアグリフードビジネス』日本経済評論社・2001年
・農林中金総合研究所編著『変貌する世界の穀物市場』家の光協会・2009年

14）FAOSTATより、貿易率＝輸出量／生産量で算出。

9　生鮮食品の流通システム

　生鮮食品とは鮮度が強く求められる食品を意味するが、具体的には生鮮３品と呼称される「青果物、水産物、食肉」を指すのが一般的である。したがって、本章においても対象をこれら３品に限定し、その流通システムについて概観したい。

（1）生鮮食品流通の特質

　商品の流通は生産や消費のあり方に影響を受けるだけでなく、商品特性そのものからも強く規定される。それゆえ、最初に商品特性から生鮮食品流通の特質を整理すると、①水分含量が高く品質劣化や腐敗につながりやすいため鮮度に関する要求が強く、流通においては生産者から消費者に至るまで迅速に行う必要性がある。②流通過程において温度管理や衛生管理が求められるものが多く、このため担当者に専門の知識や技術が必要になるとともに、専門の施設が用いられるケースも多い、等である。

　次に、生鮮食品の生産に起因する特質をみると、③生鮮３品はいずれもが１次産品であることから生産が零細で多数の生産者によって行われることが多く、このため合理的な流通を実現するためには中間流通段階の流通単位を大きくすることが求められる。④生産・出荷時に生産物の品質や形態の差異が大きいため、流通のいずれかの段階で選別作業が求められるケースが多い。⑤出荷段階で価格が決まっていない場合が多く、流通過程において品質評価等を踏まえた価格形成が必要となる。加えて、食肉については⑥流通過程に「と畜・解体」の作業が必要となることから、そのための専用施設が不可欠である。なお、解体に関してはマグロ等大型魚類についても同様である。

　最後に、消費の影響を受ける特質として、⑦生鮮食品の最終需要者が家庭

の場合、それに合わせたカッティングや少量パッキング等を施すことで商品形態を変えることが多い。⑧鮮度要求が強い生鮮食品は多頻度少量の購入となることから、それに適した販売方法・取引方法が求められる、ことがあげられる。

　かくして、生鮮食品には工業製品とは異なる流通システムが形成される。

（2）卸売市場制度の展開

1）中央卸売市場の成立

　現在の生鮮食品流通の中軸は市場流通（卸売市場を経由する流通システム）であるが、かつては都市部への生鮮品の供給は問屋を中心とする流通が担っていた。

　近世から中央卸売市場設立まで、生鮮食品（青果物・水産物）流通は問屋制[1]によって行われており、当時の代表的な市場としては日本橋の魚市場[2]や神田の青果市場等があげられる。しかし前近代的な問屋制流通では、工業化の進展等により著しく人口が増加した大都市の膨大な消費需要に対応することは難しく、このため近代的な流通制度の確立が求められるようになった。さらに、1918年に発生した米騒動に代表される社会不安が一因となって、行政が設置した中央卸売市場による生鮮食品流通の確立が検討されることになった。このような背景のなかで1923年に「中央卸売市場法」が制定され、現在まで形を変えながら継続する卸売市場制度が制度化されることになった。なおこの段階において、①委託集荷（卸売人[3]は出荷者から委託により集荷する）、②商物一致（取り引きは実際に市場に入荷した現物商品を対象と

1）問屋制の流通は、産地からの集荷を担う荷受問屋と荷受問屋から仕入れた生鮮食品を小売業者に販売する荷捌問屋等によって担われていたとされる。
2）日本橋の魚市場、神田の青果市場ともに近世の幕府公認市場として長い歴史を有している。
3）中央卸売市場法でいう「卸売人」は、現在の「卸売業者」に該当する。

する）、③せり・入札（市場の価格形成はせり・入札によって行う）といった市場制度の根幹をなす取引原則が定められた。同法に基づく中央卸売市場は、1927年開設の京都市中央卸売市場をはじめとして、戦前段階で大都市を中心に9市場が設置された。

その後、第二次世界大戦中の統制経済の時代を経て、戦後は経済成長に伴う地方都市の人口増を背景として全国の主要都市に中央卸売市場が設置され、生鮮食品流通の基幹的流通機構として機能するようになった。また、取扱品目についても消費量が拡大した食肉[4]が加えられ、中央卸売市場は生鮮3品を取り扱う流通機構となった。

2）地方卸売市場の成立

多数の中央卸売市場が設置されていく一方で、1971年に「中央卸売市場法」を廃して新たに「卸売市場法」が制定された。同法では、それ以前の段階において類似市場と称されていた中央卸売市場以外の生鮮食品卸売市場を新たに地方卸売市場として制度化し、行政の流通施策の対象に含めることにした。なおこれら地方卸売市場は、中央卸売市場と同じく公設のものと民間企業等が設置した民設市場とに大別される。そして、現在では**表9-1**にある

表9-1　卸売市場及び市場関係業者数（2018年度末）

（単位：数）

	市場数	卸売業者数	仲卸業者数	売買参加者数
中央卸売市場	64市場（40都市）	159	2,957	22,668
青果物	49市場（37都市）	68	1,263	10,447
水産物	34市場（29都市）	55	1,550	3,183
食肉	10市場（10都市）	10	58	1,824
地方卸売市場	1,025（うち、公設149）	1,212	2,556	99,498

出所：農林水産省「卸売市場データ集」

4）日本の最初の食肉市場として、1958年に開設された大阪市中央卸売市場南港市場があげられる。

ように、中央卸売市場が64市場（40都市）、地方卸売市場は1,025市場（公設149市場）が設置され、いずれも生鮮食品流通の担い手として機能している。

（3）卸売市場制度の概要

1）卸売市場流通の概要

　現在の卸売市場における流通の概要について確認したい。**図9-1**は青果物の卸売市場を中心とする流通の概念図である。ここでは青果物を例にしているが、市場のシステムは水産物や食肉においても基本的に同様である。

　産地サイドからみていくと、青果物の多くは生産者が農協[5]に出荷し、それを農協が取りまとめてさらに都市部にある市場の卸売業者に委託出荷する。そして、卸売業者は集荷した青果物を、セリや相対取引を通じて仲卸業

図9-1　卸売市場の概要（青果物）

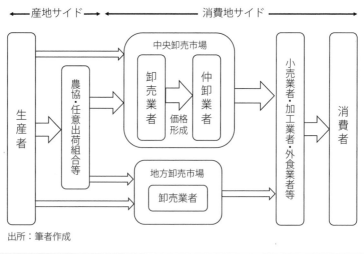

出所：筆者作成

5）青果物や水産物等の生産者は零細多数であることから、産地の出荷段階で多くの生産者の出荷品が集められ、比較的大きな単位にして輸送されることで効率的な物流が実現される。

者や売買参加者（小売業者等）に販売する。なお、卸売市場における取引は原則として青果物が入荷した翌朝までに行われることから、鮮度が求められる生鮮食品を迅速に小売業者等に流通させる上において、卸売市場は適合性が高いシステムと言える。また、産地の出荷段階では決まっていなかった価格は販売段階で形成され、仲卸業者等から徴収された販売代金は、卸売業者の手数料が差し引かれたうえで農協等に支払われることになる。

　仲卸業者は、卸売業者から比較的大きな単位で購入した青果物を分割しながら、より小さな単位でスーパーマーケットをはじめとする小売業者や食品加工業者、外食業者等に再販売する。なお、中央卸売市場には必ず仲卸業者が存在するが、地方卸売市場には存在しないことも多く、この場合、卸売業者は小売業者等に対して直接販売する。

2）卸売市場の機能

　卸売市場が生鮮食品流通で果たしている機能[6]については、以下の4点が指摘されている。

①集荷（品揃え）・分荷機能：全国各地から多種多様な商品を集荷するとともに、需要者のニーズに応じて迅速かつ効率的に、必要な品目・数量を分荷する。

②価格形成機能：需要と供給を反映した迅速かつ公正な評価による透明性の高い価格形成を行う。

③代金決済機能：販売代金の迅速・確実な決済を行う。

④情報受発信機能：需要と供給に係る情報を収集し、産地や消費地の関係者に伝達する。

　これらの機能は、本章の（1）で指摘したような商品特性を持つ生鮮食品を合理的に流通させるうえにおいて、重要な役割を果たすものである。

6）卸売市場の機能は『令和元年度卸売市場データ集』p.2による。

（4）生鮮食品流通の環境変化と制度改変

1）生鮮食品流通の変化

　卸売市場制度が作られたのは1930年代であることは既に述べたが、現在は当時と比べて生鮮食品流通の環境が大きく異なる。ここでは変化の具体的内容について確認したい。

　卸売市場制度成立当時の青果物や水産物の出荷者は、その多くが零細な個人であった。しかし戦後、農業においては農協が組織され、その後、農協共販運動の展開のもとで卸売市場の出荷者に占める農協の構成比は経年的に高まることになった。さらに1990年代になると、農協の広域合併が進展したことから1農協当たりの出荷量が増加するとともに、価格等に関する卸売市場への発言力が強化されることになった。水産物の出荷者についても、経年的に産地出荷業者等から水産会社や養殖業者へとシフトしていることから、その出荷量の多さを背景として、卸売業者に対する発言力を増大させていったという経緯がある。

　一方、卸売市場の販売先に関しては、かつては「八百屋」や「魚屋」に代表される小規模な専門小売店であった。しかし、1950年代以降は小売段階におけるスーパーマーケットのシェアが大きく拡大し、**表9-2**で示す消費者の食品購入先にあるように、現在では食品の種類を問わずスーパーマーケットが消費者の中心的な購入先である。それと並行して、ディスカウントストアやドラックストア等、かつては存在しなかった形態の小売店が食品小売市場に参入している。また、加工業者や外食業者においてもかつては個人経営が中心であったが、次第により大規模な加工業者や外食チェーン等が拡大する等、業界の構造が変化してきた。そしてこのような生鮮食品流通の環境変化は、後述するように卸売市場における取引制度の弾力化や市場外流通拡大の一因ともなった。

表 9-2　消費者の食品別購入先構成比（2014 年）

(単位：%)

食品	専門小売店	スーパーマーケット	コンビニエンスストア	百貨店	生協	ディスカウントストア等	通信販売	その他	合計
野菜	7.9	74.9	0.8	1.8	7.0	1.9	2.4	3.4	100.0
果実	14.1	59.7	1.1	3.3	6.6	1.8	3.5	10.0	100.0
水産物	10.3	73.7	0.4	3.7	5.4	1.6	2.4	2.5	100.0
食肉	8.0	78.1	0.5	2.6	5.7	2.3	2.0	0.9	100.0
農産・水産・食肉加工品	9.2	67.6	1.5	5.4	6.6	3.3	3.4	3.0	100.0
米・穀類・パン類・シリアル等	15.2	55.2	5.7	2.4	4.8	4.3	2.4	9.9	100.0
生乳・乳製品・卵	10.7	68.3	3.3	1.0	6.6	4.7	2.4	2.9	100.0
油脂・調味料	6.7	70.5	1.9	2.9	6.0	5.6	4.1	2.2	100.0
菓子類	26.0	40.6	7.2	9.7	2.7	5.6	1.6	6.6	100.0
惣菜・弁当類	12.2	53.1	12.8	6.1	4.9	2.2	3.7	5.1	100.0
ソフトドリンク	11.3	45.1	13.1	3.1	3.6	7.4	5.7	10.6	100.0
酒類	13.6	55.3	4.8	3.0	2.8	15.8	2.2	2.5	100.0

出所：総務省「平成 26 年全国消費実態調査」
注：1）本章で使用する用語を統一するため、食品区分の名称を一部改めた。
　　2）ラウンドの関係で合計が 100.0 にならないことがある。

2）取引制度の弾力化

　卸売市場の制度として、①委託集荷、②現物取引、③セリ・入札等の取引原則があることは既に述べたが、卸売市場を取り巻く流通環境の変化を理由として、市場のシステムは質的に変容しながら現在に至っている。

　具体例をあげるならば、青果物における農協共販の拡大や広域合併の促進は、大都市に立地する大規模市場への出荷集中を誘導し、このため地方の中小規模市場は委託だけでは十分な集荷が行えなくなった。その一方で、スーパーマーケットへの納品は深夜に行わないと店舗の開店時間に間に合わないことから、卸売業者や仲卸業者によるスーパーマーケットへの販売は、早朝に行われるセリの開始以前の時間帯に行われるようになった。

　このため卸売市場の取引制度は、経年的に規制が緩和されながら現在に至っている。具体的な制度改正の内容は以下のとおりである。

　1971年に制定された卸売市場法では、①委託集荷原則の例外として卸売業者が出荷者から購入するという「買付集荷」を導入するとともに、②セリ・入札原則の例外として「相対取引」が導入された。

　2004年の卸売市場法改正では、①商物一致規制が緩和されて市場に入荷し

ない商品であっても取引が可能となり、②例外であった買付集荷が自由化される等、取引制度のさらなる弾力化が図られた。

このような制度改正によって、現在の卸売市場のシステムは、設立当初と比べて大きく変容したものとなっている。

（5）卸売市場流通の現状

1）卸売市場の取扱額

ここでは卸売市場流通の現状を確認したい。市場数については前掲の**表9-1**で示したが、これら市場における取扱額の推移をみると**図9-2**のとおりである。

卸売市場における2018年の合計取扱額は 5 兆4,770億円（花きの取扱額を含む）で、このうち青果物 3 兆1,260億円、水産物 2 兆690億円、食肉282億円である。また、12年ほど前の2006年の取扱額は合計で 6 兆7,560億円、うち青果物 3 兆4,650億円、水産物 3 兆440億円、食肉248億円であった。したがって、この12年間に合計取扱額は18.9％減少し、種類別には青果物が9.8％

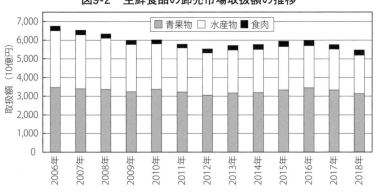

図9-2　生鮮食品の卸売市場取扱額の推移

出所：農林水産省「令和元年度卸売市場データ集」
注：取扱額は中央卸売市場と地方卸売市場の合計である。

の減少となり、水産物は32.0％と大幅に減少した。ただし、食肉は13.7％の増加であった。食肉はともかくとして、卸売市場の経年的な取扱額は減少傾向にあるとみて間違いないであろう。

　なお、2018年の取扱額[7]における市場種類別の内訳をみると、青果物は中央卸売市場が60.2％、地方卸売市場は39.8％という構成であるのに対し、水産物では中央卸売市場が70.1％、地方卸売市場は29.9％と、中央卸売市場を経由する傾向が強い。

2）食品の卸売市場経由率

　青果物、水産物、食肉の卸売市場経由率の推移をみたのが**図9-3**である。1990年の市場経由率をみると、青果物81.6％（うち野菜84.7％、果実76.1％）、水産物72.1％、食肉22.6％と、食肉を除けば両品目の流通において卸売市場が大半を占めていた。しかし、その後の市場経由率は低下傾向で推移し、青

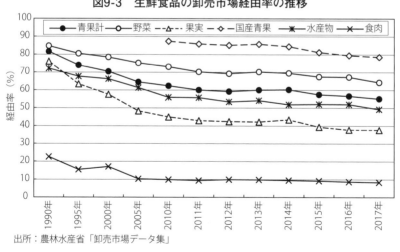

図9-3　生鮮食品の卸売市場経由率の推移

出所：農林水産省「卸売市場データ集」

7）卸売市場の取扱額は『令和元年度卸売市場データ集』p.16による。なお、水産物の地方卸売市場取扱額は産地市場を除く。

果物の場合、2017年の経由率は55.1％にまで低下した。青果物のうち野菜は64.3％で、5割を大きく上回っていたが、果実は37.6％と4割を下回るまで低下した。また、水産物は49.2％、食肉は8.3％と、いずれも大きく経由率を低下させた。

　市場経由率低下の最大の要因は輸入の大幅な増加である。青果物は加工品の輸入が多く、水産物は加工向けの冷凍魚の輸入が多い。そのため輸入品の市場経由率は10％に満たないほどに低い。なお、生鮮品のまま消費者まで届く比率が高い国産青果物の場合、2017年の市場経由率は78.5％であった。

3）卸売市場の集荷方法と取引方法

　取引制度の弾力化と関連して市場の委託集荷率[8]と取引方法について確認しておきたい。かつては委託集荷が原則であったが、2018年の青果物の委託集荷率は中央卸売市場が60.0％、地方卸売市場は58.9％で、水産物は中央卸売市場が17.3％、地方卸売市場は20.5％である。一方、食肉は中央卸売市場が93.4％、地方卸売市場が89.7％と、依然として委託集荷率が高い。なお委託集荷率の低さは、卸売業者が出荷者等から購入する「買付集荷」によらなければ、必要な集荷が行えないことを意味する。

　同様に2018年のセリ取引率についてみるならば、中央卸売市場の青果物は9.4％、水産物15.0％であるのに対し、食肉は85.6％にのぼる。地方卸売市場のセリ取引率は、青果物24.0％、水産物14.2％で、食肉は52.6％である。すなわち、現在の卸売市場の取引は、食肉を除けば、卸売業者が仲卸業者や売買参加者と話し合って値決め等を行う「相対取引」が中心になっているのである。

　以上のように、市場における集荷方法や取引方法は制度設立時と比較して大きく変容している。特に青果物や水産物のセリ取引は例外的な方法となっている。

8）卸売市場の集荷方法と取引方法については『令和元年度卸売市場データ集』
　p.22およびp.37による。

（6）市場外流通について

　青果物等の食品流通において市場経由率が経年的に低下しつつあるということは、表現方法を変えれば卸売市場を経由しない流通、すなわち「市場外流通」が増えつつあることを意味する。市場外流通が増加した最大の要因は先に述べたように輸入の増加である。しかし、国産の生鮮品の市場外流通も徐々に増加していることから、ここではその要因について明らかにしておきたい。

　その一つは産地段階の環境変化、具体的には青果物における農協の大型化や農業法人の設立、水産物では水産会社や養殖業者の拡大等、生産・出荷段階の大型化である。もうひとつは、消費地サイドにおいて小売業者が大型化しただけでなく、食品加工業者や外食業者等の実需者も大型化したことである。こうした生産・出荷側と消費側の大型化によって、出荷者が卸売市場を介さなくてもスーパーマーケットや実需者と直接結びつくことが可能になったのである。同時に、青果物に関しては都市部に拠点を置く市場外の流通業者も取扱規模を拡大し、これら業者が産地から仕入れた青果物をスーパーマーケットや実需者に対して直接販売するケースも増えている。

　食肉の場合は牛や豚1頭で肉のすべての部位を供給できることから分かるように品揃えが容易であるため、もともと市場経由率が低く、市場流通は中心的な流通形態ではない。また、食肉の生産および流通は昔から固定的な取引関係のなかで行われるケースが多いことも、市場経由率が低い理由であろう。

（7）品目別流通主体の概要

1）青果物の流通主体

　本章の最後として、青果物・水産物・食肉の流通主体（流通の担い手）に

ついて概観したい。最初に青果物からみていくが、同品目の産地段階におけ
る集出荷は農協や任意出荷組合、産地出荷業者、個人や農業法人等の多様な
担い手によって行われる。産地から出荷された後は、消費地の卸売市場や場
外流通業者等を経た後に、スーパーマーケットや一般小売店、食品加工業者、
外食業者等へと供給されることになる。

　青果物の多くは収穫段階で品質や大きさが不揃いであることから、流通過
程のいずれかの段階、具体的には生産者や農協等の段階において選別・調製
が行われる。また、小売業者の店頭に置かれるまでのいずれかの段階におい
て、パッキングや袋詰め、カッティング等の処理が必要になるケースが多い
ことに加えて、品目によっては長期間の保管も行われる。

２）水産物の流通主体

　水産物は鮮魚、冷凍魚、塩干加工品に大別されるが、厳密な意味で生鮮食
品といえるのは鮮魚[9]である。ここでは鮮魚を念頭に置いて記述すること
にしたい。

　国内で流通する鮮魚は産地段階で産地市場を経由するものと、水産会社や
養殖業者が産地市場を介さずに販売するものとに大きく分かれる。

　産地市場とは全国の漁港に隣接して設置された地方卸売市場であり、漁業
協同組合等が卸売業者となって運営している。産地市場のシステムは消費地
市場に類似しており、漁業者や水産会社等が卸売業者に委託出荷し、市場に
おいては売買参加者である産地出荷業者や加工業者等がセリ・入札等の方法
により購入する。そして鮮魚を購入した産地出荷業者は、消費地の卸売市場
やスーパーマーケット・実需者等に再販売し、最終的に消費者へと供給され
る。

9）本章では触れていないが、中間流通段階で冷凍魚であったものが小売段階で
　解凍され、店頭において鮮魚として消費者に販売されるケースは多い。また、
　冷凍魚や塩干加工品は卸売市場で取り扱われているが、その商品特性から市
　場外流通となるケースも多い。

　産地市場を介さない場合は、水産会社や養殖業者等が消費地の卸売市場や実需者あるいは大手小売業者であるスーパーマーケット等に対して直接的に販売する。なかでも、出荷数量が安定していて品質や価格も安定している大衆養殖魚については、養殖業者や水産会社によるスーパーマーケットや実需者等への直接販売が増えつつある。

3）食肉の流通システム

　食肉流通では卸売市場経由率は極めて低い。2017年でみると牛で12.3%、豚で6.4%である[10]。また食鳥に関しては卸売市場の取扱品目ではない。食肉の場合、日本ハム等の卸売市場外の食肉卸売業者が中心となって、家畜の生産からと畜・解体、流通という一連の工程を統括的に管理する「垂直的統合（インテグレート）」が形成されていることが、市場経由率の低い一因であるあろう。なお、このような食肉卸売業者は「インテグレーター」と呼称されている。

　一方、食肉でも比較的単価が高い和牛については市場経由率が高いとされている。その理由は、和牛の商品特性として1頭ごとの品質格差が大きく、評価が難しいため[11]、卸売市場において仲卸業者による評価が必要になることであろう。このような和牛の特性が、本章の（4）でみたように卸売市場における食肉のせり取引率が高い理由でもある。

　食肉に特徴的な「と畜」という工程は、産地食肉センターや市場併設型と畜場、一般と畜場において行われ、「解体」についてもと畜以降の流通各段階において適宜行われている。食鳥に関しては、処理加工業者が設置した食鳥処理場において、「と鳥・解体」が行われる。

　そして、食肉はこのような工程を経た後、最終的にスーパーマーケットや加工・外食業者等を経て、消費者へと供給される。

10）食肉の市場経由率は『令和元年度卸売市場データ集』p.17による。
11）このような商品特性はまぐろや一部の青果物についても同様であるため、これら品目は卸売市場でセリによって取引されることが多い。

【課題】

1. 生鮮食品流通において卸売市場経由が主流である理由について考えてみよう。

2. 生鮮食品流通において市場外流通が拡大してきた理由をまとめてみよう。

3. 今後の望ましい生鮮食品流通のあり方について皆で議論しよう。

【参考文献】

・清水みゆき他『食料経済 フードシステムからみた食料問題 第5版』オーム社・2016年
・藤島廣二他『食料・農産物流通論』筑波書房・2009年
・市場流通ビジョンを考える会幹事会監修『"適者生存"戦略をどう実行するか』筑波書房・2020年

10 加工食品の流通システム

　私たちの食生活において加工食品の比重が高まっていることは、すでにいくつかの章でみてきた。本章では、より川下側、すなわち加工食品の流通と消費の視点から、加工食品をめぐるフードシステムの現状と課題を確認していこう。

（1）加工食品市場の需給動向

　加工食品を供給する食料品製造業（食品加工業）が製造する商品の種類は多岐にわたる。本書第7章では主に経済産業省が実施する工業統計調査に基づいてみたが、本章では、各関連業界の資料や消費時の統計から、加工食品の流通、消費（主に消費者による最終消費）の側に立ち、需給動向をより詳細に品目別にみていくことにしよう[1]。

1）加工食品の品目別供給

　加工食品の供給について、その品目別生産額を示す**図10-1**をみると、金額的にもっとも大きな割合を占めるのは飲料（清涼飲料および嗜好飲料の合計）で、加工食品全体の20.6％（4兆9,000億円）、次いで酒類

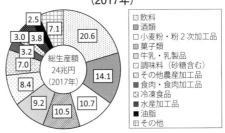

図10-1　品目別加工食品生産額構成比（2017年）

出所：日刊経済通信社『18-19年版酒類食品統計年報』

1）各統計によって加工食品の分類やそこに含める品目が異なるため、供給（生産）量や額の数値が第7章とは一致しない場合があることに留意する必要がある。

（3兆4,000億円、14.1％）となっている。酒類・飲料以外の食品では、小麦粉やその2次加工品（2兆6,000億円、10.7％）、菓子類（2兆5,000億円、10.5％）となっており、近年その構成比に占める順位は変わっていない。

2）加工食品の品目別需要

次に、需要側の品目別の動きをみてみよう。**図10-2**は、加工食品を中心に年間の世帯当たり食料支出金額の近年の推移をまとめたものである。

全体として、1世帯の年間食料支出（外食への支出を除く）と加工食品への支出割合をみると、食料支出全体は、東日本大震災のあった2011年に約72万円に落ち込んだものの2012年まで74万円前後でほぼ横ばいで、2013年以降は増加傾向に変わり、2019年は約79万円となった（金額はいずれも名目額）。一方、加工食品支出割合は2009年以降おおむね増大傾向にあり、2005年に全体の65.8％（支出額では約47万円）、2019年が68.7％（同約58万円）と、かなり大きな比重を占めている。飲料と酒類を除いた食品部分だけで計算した場合も、2019年で64.2％を占める。私たちが消費する食料は農業や水産業等の第1次産業から供給されたものではなく、その多くが食品製造業を経由して生産された商品であることがわかる。

品目別にみると、支出金額がもっとも大きい品目は「調理食品」、次いで「菓子類」である。家計調査における「調理食品」は中食とほぼ同義語で、主食的調理食品として弁当、すし（弁当）、おにぎりその他、調理パン、他の調理食品としてウナギのかば焼き、サラダ、コロッケ、ギョウザ、冷凍食品、惣菜材料セット、その他の調理食品が含まれている。2005年に1世帯年間10万1,044円であった「調理食品」への支出は、2019年には12万8,386円と名目額で約1.3倍に増加し、食料支出に占める割合も13.6％から16.3％へと比重を高めた。加工食品市場の拡大は、消費面からみると主に「調理食品」需要の増加によってもたらされたといえる。日本惣菜協会の調査によると、「調理食品」は主に夕食用に購入されており[2]、「調理食品」は私たちの食生活の主役ともいえる地位にあると考えられる。支出が2番目に多い「菓子

図10-2 世帯（世帯員２人以上）の年間食料支出額と加工食品支出額の占める割合

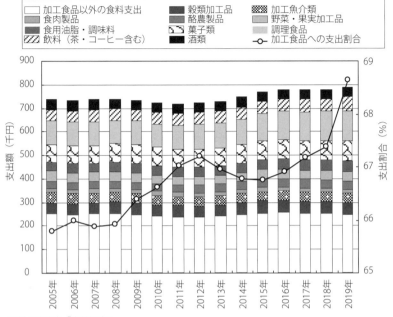

資料：総務省「家計調査」
注：1）ここでの食料支出は食料支出全体から外食への支出を除いていた額。加工食品への支出割
合の母数からも外食への支出を除いている。
　　2）「穀類加工品」はパン、めん類、小麦粉、もちへの支出の合計。
　　3）「加工魚介類」はさしみ盛り合わせ、塩干魚介、魚肉練製品、他の魚介加工品への支出の
合計。
　　4）「食肉製品」は、加工肉（ハムやソーセージなど）への支出額。
　　5）「酪農製品」は牛乳及び乳製品（チーズ、バター、ヨーグルトなど）への支出の合計。
　　6）「野菜・果実加工品」は乾物・海藻（干ししいたけなど）、大豆加工品（豆腐、納豆など）、
他の野菜・海藻加工品（漬物や佃煮など）への支出と果実加工品への支出の合計。統計分
類上一部わかめ、昆布などの海藻類が含まれる。
　　7）「食用油脂・調味料」は、油脂、食用油、マーガリンと、ドレッシング・ジャム・カレー
ルゥなどを含む調味料への支出の合計。
　　8）「調理食品」は弁当や調理パンなどの主食的調理食品、いわゆる惣菜である他の調理食品、
冷凍食品、惣菜材料セットへの支出の合計。
　　9）「飲料」は、茶・コーヒーなどへの支出と飲料への支出の合計。

2）一般社団法人日本惣菜協会「2020年版惣菜白書」より。同協会が実施する惣
菜に関する消費者調査（回答者総数5,210名）で「最近半年間で購入した惣菜
は主にいつ食べましたか」という質問に対し、各回答者が利用した惣菜の
63.4%が夕食用であった。次いで昼食が29.5%となっている。

類」はようかん等の和菓子、ケーキ、ゼリー等の洋菓子、せんべい、ビスケット、スナック菓子、キャンデー、チョコレート、アイスクリーム等である。「菓子類」への支出も2005年の7万4,834円から2019年には8万7,469円へ増加し、食料支出に占める割合も10.1％から11.1％へと上昇した。

3）加工食品需要拡大の要因としての台所家電の普及

　加工食品市場の拡大を後押ししている重要な要素が、家庭における台所家電の技術進化と普及である。特に冷蔵庫と電子レンジの普及は、幅広い加工食品を冷蔵、冷凍保存する機会や、冷凍食品や調理食品を再加熱して食する機会を拡大し、加工食品需要の高まりに大きな影響を与えた。両家電製品が政府の「消費動向調査」における「主要耐久財等普及率」の対象であったのは2004年までであるが、当調査によれば電気冷蔵庫が90％以上の世帯に普及したのは1971年、電子レンジは1997年であった[3]。調査対象最終年である2004年時点での普及率は、電気冷蔵庫98.4％、電子レンジ96.5％であった。家電製品、特に冷蔵庫と電子レンジの急速な普及が加工食品市場の拡大に貢献したのである。

（2）加工食品の流通経路

　加工食品の多様性、品目幅の広さは、流通構造にも大きな影響を与える。
　例えば、ひとくちに加工食品といっても、適切な消費が可能な期限[4]が

3）内閣府「消費動向調査」参照。
4）食品の消費期間に関する期限表示には、「消費期限」と「賞味期限」がある。「消費期限」は食品表示に記載された保存方法で保存した場合に安全に食べられる期限であり、「賞味期限」とは同場合に品質が劣化せず美味しく食べられる期限である。「消費期限」は劣化の早い弁当や低温殺菌牛乳等、「賞味期限」はスナック菓子や缶詰等劣化が緩やかな食品に使用される。食品表示の統一が行われる以前は、劣化が緩やかな商品に使用される期限表示として、食品衛生法が規定する「品質保持期限」とJAS法による「賞味期限」があったが、2003年に「賞味期限」に統一された。

表 10-1　食料・飲料卸売業などの年間商品販売額の推移

	1991 年		2002 年		2012 年		2016 年	
	販売額 (億円)	(%)	販売額 (億円)	(%)	販売額 (億円)	(%)	販売額 (億円)	(%)
卸売業合計	5,731,647		4,133,548		3,654,805		4,365,225	
飲食料品卸売業合計	1,081,187		842,737		714,517		888,965	
食料・飲料卸売業合計	478,441	100.0	440,174	100.0	422,559	100.0	520,593	100.0
砂糖・味そ・しょう油卸売業	19,056	4.0	13,901	3.2	12,527	3.0	13,106	2.5
酒類卸売業	118,506	24.8	94,043	21.4	79,808	18.9	89,761	17.2
乾物卸売業	28,453	5.9	15,048	3.4	10,012	2.4	9,627	1.8
菓子・パン類卸売業	44,365	9.3	35,935	8.2	32,942	7.8	42,863	8.2
飲料卸売業	40,403	8.4	48,203	11.0	37,720	8.9	43,664	8.4
茶類卸売業	13,291	2.8	7,923	1.8	6,591	1.6	8,203	1.6
その他の食料・飲料卸売業	214,367	44.8	225,121	51.1	232,724	55.1	298,128	57.3

出所：経済産業省「商業統計」、「経済センサス」

異なる商品群や温度帯等物理的取扱いが異なる商品群が混在している。加工
食品は基本的に生鮮農水産物よりも保存性が高いが、近年消費が増えている
「調理食品」の弁当や総菜のように、調理後数時間で消費することが好まし
い商品もあれば、冷凍食品のように数か月のもの、缶詰のように数年間保存
しても品質が変わらない商品もある。また、流通過程における商品管理のう
ち、温度帯管理だけをみても、ドライ（常温）、チルド（冷蔵）、フローズン
（冷凍）の３つの温度帯に分けて商品を保管、輸送している。この温度帯区
分は統一されているわけではなく、業界、企業、品目により異なっているが、
概ねドライ10 ～ 20℃、チルド５～－５℃、フローズン－15℃が一般的な温
度管理の基準となっている。

　こうした商品を取り扱うためには専門的な知識や技術、設備を必要とする
こともあるため、従来、日本においては取扱商品分野ごとに細分化した専門
卸売業者が加工食品流通の重要な役割を果たしてきた。例えば、お菓子を専
門に扱う菓子卸や、お酒を専門に扱う酒類卸等の業種卸である。**表10-1**は
「卸売業」全体の中の「飲食料品卸売業」、さらにその中の加工食品卸売業に
相当する「食料・飲料卸売業」の販売額の推移を示しているが、「食料・飲
料卸売業」の内訳にある「砂糖・味そ・しょう油卸売業」から「茶類卸売

業」までがそうした業種卸に該当する。1991年の段階では加工食品を取り扱う業種卸合計販売額の割合が55.2％、その他の食料・飲料卸売業が44.8％と、業種卸が過半を占めていた。ところが、近年、その割合は徐々に低下し、2016年の段階では業種卸割合42.7％、それ以外が57.3％と逆転している。これは後述する食品卸売業の大型化・総合化と大きく関わっている。

　また加工食品の多様性は、加工の程度や商品用途の幅広さにもあらわれている。例えば同じ冷凍食品という商品群の中でも、冷凍ホウレンソウのように原料農産物を下処理し冷凍した素材的な商品から、冷凍グラタンや冷凍ギョウザのように解凍・加熱するだけで食べることができる商品も含まれる。また、同じ調味料でも冷蔵庫で保存し多くの消費者が頻繁に購入するマヨネーズのような商品もあれば、エスニック料理を作るときに時々使う乾燥スパイスのように年に数回、限られた人が購入するといった商品もある。こうした商品用途は消費者の購買先である小売段階での商品回転率や品揃えにも影響を与える。

　そこで、どういった小売業態でどのような加工食品が多く販売されているのか、小売業における加工食品を中心とする飲食料品の業態別販売額を**表10-2**でみてみよう。統計の制約上、百貨店と総合スーパー（衣食住関連商品を幅広く扱う大型のスーパーマーケット）における品目別販売額のデータがないため、食品スーパー（販売額の70％以上が食料品であるスーパーマーケット）等の専門スーパー、コンビニエンスストア、ドラッグストア、その他のスーパー、専門店（魚屋、酒屋等のように、より細分化された商品群の取扱いが90％以上の小売店）、中心店（専門店ほどではないが中心となる商品群の取扱いが50％以上で大規模でない小売店）、その他の小売店での割合をみる。

　2002年では、加工食品の取扱いが最も多い小売業態は専門スーパー（32.5％）、次いで専門店（20.4％）であった。2014年になると、最も多いのは同じ専門スーパー（37.3％）で変化はなかったが、専門店は10.3％と大きく割合を下げ、コンビニエンスストア（19.0％）を下回った。

　さらに、どのような加工食品がどのような小売業態で販売されているかを
みると、酒、牛乳、茶類等多くの品目において、2014年には2002年と比較し
て、専門店や中心店のシェアが低下し、専門スーパーのシェアが増大した。
これは主に2000年の大規模小売店舗法[5]の廃止等によるスーパーマーケッ
トの出店数の増加によるものと考えられる[6]。飲料については、2002年時点
では統計上の項目が設けられていなかった「無店舗販売」がもっとも割合が
高い。これは自動販売機での販売が反映されたものとみられる。

　流通経路は品目によって違いはあるが、一般的に大規模な食料品製造企業
（いわゆる食品メーカー）で製造される加工食品は、食品メーカーから食品
卸売業者を経由して小売業者に流通する。以前は食品卸売業者の取扱品目の
専門性が高く、中間流通段階で商品の品ぞろえや広域流通を円滑にするため、
卸売段階は一段階だけではなく、多段階の食品卸売業が介在するものが多
かった。しかし、小売段階の主流がスーパーマーケットとなり大型化・総合
化するのにともない、食品卸売業者も大型化・総合化している。前出の**表
10-1**の「その他の食料・飲料卸売業」の販売額やそのシェアの増大は、こ
うした動向を反映している。その結果、現在の主要な加工食品の流通経路は、
「大規模食品メーカー→大手食品卸売業者→大規模小売業者（総合スーパー・
食品スーパー・コンビニエンスストア・ドラッグストア等）」といった流れ
が主流となっている。

5）大規模小売店舗法（大店法）は、1973年に制定された大規模小売店舗の事業
　　活動の調整とそれによる中小小売業の事業機会の適正な確保を目的とした法
　　律である。出店する小売店舗の店舗面積や閉店時刻等に制約を課した。流通
　　規制緩和の流れの中、2000年に廃止された。
6）大店法の廃止に加えて、1980年代から規制緩和が進められていた「酒類販売
　　業免許等取扱要領」に定める酒類販売免許の付与要件の緩和が1998年の要領
　　改定でさらに進められたことも影響している。

表 10-2　小売業態別商品別の飲食料品年間販売額

業態分類	飲食料品販売額総計	米穀類	生鮮食品	加工食品	酒	菓子(製造)	菓子(非製造)	パン(製造)
2002年								
百貨店	21,276							
総合スーパー	42,350							
専門スーパー	146,143	3,865	56,712	85,567	10,010	435	8,295	786
		29.2	57.8	32.5	22.7	4.9	33.1	15.6
コンビニエンスストア	50,904	481	686	49,737	6,162	231	5,324	282
		3.6	0.7	18.9	14.0	2.6	21.2	5.6
ドラッグストア	2,391	86	9	2,296	145	9	322	1
		0.6	0.0	0.9	0.3	0.1	1.3	0.0
その他のスーパー	38,127	869	11,885	25,373	7,270	393	2,395	1,751
		6.6	12.1	9.6	16.5	4.4	9.6	34.8
専門店	72,849	4,296	14,908	53,646	8,034	6,794	4,839	1,717
		32.4	15.2	20.4	18.2	76.8	19.3	34.2
中心店	63,643	3,616	13,955	46,072	12,467	985	3,825	488
		27.3	14.2	17.5	28.3	11.1	15.3	9.7
その他の小売店	788	32	42	714	34	4	65	1
		0.2	0.0	0.3	0.1	0.0	0.3	0.0
合計	438,472	13,243	98,198	263,404	44,121	8,850	25,065	5,026
		100.0	100.0	100.0	100.0	100.0	100.0	100.0
2014年								
百貨店	13,549							
総合スーパー	33,010							
専門スーパー	143,861	2,822	56,241	84,798	11,167	924	8,501	751
		37.8	63.7	37.3	40.0	12.2	33.7	15.0
コンビニエンスストア	44,198	276	776	43,147	3,528	215	5,431	483
		3.7	0.9	19.0	12.6	2.9	21.5	9.6
広義ドラッグストア	9,949	246	108	9,594	1,062	23	1,015	4
		3.3	0.1	4.2	3.8	0.3	4.0	0.1
その他のスーパー	26,264	455	7,460	18,349	2,957	393	2,304	2,445
		6.1	8.5	8.1	10.6	5.2	9.1	48.7
専門店	34,217	1,410	9,290	23,516	3,240	5,266	4,077	988
		18.9	10.5	10.3	11.6	69.8	16.2	19.7
中心店	37,511	1,582	9,643	26,285	5,315	671	2,985	343
		21.2	10.9	11.6	19.0	8.9	11.8	6.8
その他の小売店	697	11	95	591	16	56	162	6
		0.2	0.1	0.3	0.1	0.7	0.6	0.1
無店舗販売	26,372	670	4,641	21,060	618	—	728	—
		9.0	5.3	9.3	2.2	—	2.9	—
合計	369,626	7,473	88,254	227,340	27,903	7,548	25,204	5,020
		100.0	100.0	100.0	100.0	100.0	100.0	100.0

出所：経済産業省「商業統計調査」各年版

（単位：億円（上段）、％（下段））

パン（非製造）	牛乳	飲料（牛乳を除く・茶類飲料を含む）	茶類	料理品	豆腐・かまぼこ等加工食品	乾物	めん類（チルド含む・冷凍除く）	乳製品	冷凍食品（冷凍を含む）	他の飲食料品
3,537	3,457	5,059	1,036	9,148	9,212	3,705	—	—	—	30,887
40.3	42.5	21.6	19.9	18.6	64.7	51.6	—	—	—	48.1
2,975	1,249	7,454	502	14,566	325	273	—	—	—	10,394
33.9	15.4	31.9	9.6	29.6	2.3	3.8	—	—	—	16.2
38	39	371	35	7	109	21	—	—	—	1,199
0.4	0.5	1.6	0.7	0.0	0.8	0.3	—	—	—	1.9
824	487	1,852	262	2,569	1,267	773	—	—	—	5,531
9.4	6.0	7.9	5.0	5.2	8.9	10.8	—	—	—	8.6
296	1,433	2,977	1,362	19,046	1,293	629	—	—	—	5,226
3.4	17.6	12.7	26.2	38.7	9.1	8.8	—	—	—	8.1
1,091	1,462	5,629	1,964	3,832	2,031	1,727	—	—	—	10,571
12.4	18.0	24.1	37.7	7.8	14.3	24.1	—	—	—	16.5
11	5	55	42	12	8	51	—	—	—	429
0.1	0.1	0.2	0.8	0.0	0.1	0.7	—	—	—	0.7
8,771	8,132	23,397	5,204	49,181	14,244	7,177	—	—	—	64,236
100.0	100.0	100.0	100.0	100.0	100.0	100.0	—	—	—	100.0
4,661	2,962	6,053	985	11,946	7,962	2,151	2,450	2,696	2,276	19,310
47.2	46.4	20.3	29.9	33.8	65.1	54.0	46.2	58.3	52.0	41.7
3,243	1,134	8,766	247	13,981	311	173	1,175	212	391	3,857
32.8	17.7	29.3	7.5	39.5	2.5	4.3	22.1	4.6	8.9	8.3
273	203	853	82	32	155	64	287	573	229	4,740
2.8	3.2	2.9	2.5	0.1	1.3	1.6	5.4	12.4	5.2	10.2
523	186	1,347	327	2,558	787	301	306	270	271	3,376
5.3	2.9	4.5	9.9	7.2	6.4	7.6	5.8	5.8	6.2	7.3
132	743	1,370	589	3,118	779	344	208	135	88	2,437
1.3	11.6	4.6	17.9	8.8	6.4	8.6	3.9	2.9	2.0	5.3
815	770	2,485	617	3,317	1,385	756	598	385	316	5,526
8.2	12.1	8.3	18.7	9.4	11.3	19.0	11.3	8.3	7.2	11.9
7	2	33	17	49	6	12	8	2	2	214
0.1	0.0	0.1	0.5	0.1	0.0	0.3	0.1	0.0	0.1	0.5
225	390	8,972	436	370	839	184	274	348	804	6,874
2.3	6.1	30.0	13.2	1.0	6.9	4.6	5.2	7.5	18.4	
9,878	6,391	29,880	3,301	35,370	12,224	3,984	5,306	4,621	4,377	46,335
100.0	100.0	100.0	100.0	100.0	100.0	100.0	100.0	100.0	100.0	100.0

（3）食品卸売業の動向

　こうした中、加工食品流通に大きな役割を果たしている食品卸売業の再編が近年急速に進んでいる。上述の総合化・大規模化と、それにともなう総合商社を中心とした企業再編が活発化し、大手企業への販売集中が進んでいる。**表10-3**は、1996年と2016年の食品卸売業の販売上位企業を示したものである。ここからも、1996年時点では販売額のもっとも大きな国分であっても、食品卸売業に占めるシェアは1.8％で、上位10社を合計しても9.4％であったのに対し、2016年では、第１位の三菱食品だけで5.1％、上位10社では21.6％と食品卸売販売額の２割以上を占めるほど上位集中が進んでいる。食品卸売販売額は大きく変わっていない中、上位企業の販売額が大きく伸びており、上位企業を中心に総合化・大規模化が進んでいるといえる。

　2016年時点で販売額第１位となった三菱食品株式会社の前身は、1979年に総合商社の三菱商事が系列の食品卸４社（北洋商事・野田喜商事・東京新菱商事・大阪新菱商事）を合併して発足した株式会社菱食である。その後1996

表10-3　全国酒類・食品問屋（食品卸売業）の販売集中度

	1996 年				2016 年		
	企業名	販売額 （億円）	シェア （％）		企業名	販売額 （億円）	シェア （％）
1	国分	8,247	1.8	1	三菱食品	23,642	5.1
2	雪印アクセス	6,813	1.5	2	国分グループ本社	18,179	3.9
3	菱食	5,873	1.3	3	日本アクセス	16,986	3.7
4	明治屋	5,081	1.1	4	三井食品	7,990	1.7
5	伊藤忠食品	3,677	0.8	5	トモシアホールディングス	6,839	1.5
6	日本酒類販売	3,465	0.7	6	加藤産業	6,524	1.4
7	加藤産業	3,196	0.7	7	伊藤忠食品	6,177	1.3
8	旭食品	2,889	0.6	8	日本酒類販売	5,162	1.1
9	小網	2,652	0.6	9	国分首都圏	4,299	0.9
10	三友食品	2,105	0.4	10	旭食品	4,214	0.9
	上位 10 社合計	43,998	9.4		上位 10 社合計	100,012	21.6
	総販売額	467,971	100.0		総販売額	463,780	100.0

出所：日刊経済通信社『酒類食品産業の生産・販売シェア』

年には販売額第３位となった菱食は、2000年代に入り、酒類卸売会社（中泉、祭原）や冷凍食品のニチレイの子会社（ユキワ）を併合して扱う品目の幅を広げ、さらに2011年に明治屋商事㈱、㈱サンエス、㈱フードサービスネットワークの３社と合併して社名を三菱食品株式会社に変更した[7]。2016年時点で販売額第２位の国分グループ本社株式会社は、江戸時代創業の食品企業である国分株式会社がその基である。1996年には販売額第１位で、もともと酒類や缶詰等の流通に強い大手食品卸売会社であったが、2000年以降、菓子卸売業を本格的に展開し、さらに医薬品卸や水産物・青果物卸等との業務提携を進め、事業の多角化・総合化を図った[8]。

　その他の上位企業も、日本アクセスおよび伊藤忠食品は伊藤忠商事、三井食品は三井物産の関係会社であり、加藤産業も筆頭株主が三井物産である等、総合商社が参画した企業統合や再編が急激に進んでいる。

（4）加工食品の表示

　食品加工の技術の深化や様々な加工食品の開発により、食料品はより長期に、より広域に流通することが可能となり、食品の生産と消費の隔たりを一層大きくしている。生産と消費の隔たりの拡大は、いわゆる「顔が見える関係」での取引を難しくし、消費者は誰がどのような原料を使用して、どこでどのように製造し、どのように流通させているのかを知ることが困難になっている。加工食品の場合は、食品製造業という工業部門を経由する商品が多いため、原料農水産物の情報までたどりつくのは消費者にとって至難の業である。そうした生産と消費の情報格差を埋めるため、加工食品の商品表示のあり方は重要なものとなっている。

　日本では2007年に畜産物の原料表示や原料原産地表示の偽装、菓子類の賞味期限・消費期限の不正表示等、食品表示問題が大きな社会不安となった。

7）三菱食品株式会社ホームページ等を参照。
8）国分グループ本社株式会社ホームページ等を参照。

また、2008年の中国産輸入冷凍ギョウザの有機リン中毒事件等により加工食品の原料の産地や製造工場の所在地に関心をもつ消費者が増加した。第7章でも述べたように、当時の食品表示は複数の法律や省庁が関連し、複雑であり、特に加工食品は法律によって定義が異なる等、多くの問題があった。新しい「食品表示法」（2013年制定、2015年施行）はそれを改善するものとなり、加工食品については施行から5年間の移行措置期間を経て、2020年4月から「食品表示法」に基づく新表示に全面的に移行した。

　「食品表示法」は「しなければならない表示」を規定したものであり[9]、加工食品については、「名称」「保存の方法」「「消費期限又は賞味期限」「原材料名」「添加物」「内容量又は固形量及び内容総量」「栄養成分の量及び熱量」「食品関連事業者の氏名又は名称及び住所」「製造所又は加工所の所在地及び製造者又は加工者の氏名又は名称」等を商品に表示することが求められている。また、緑茶、もち、こんにゃく、野菜冷凍食品、フライ種として衣をつけた食肉等については「原料原産地」、乳については「種類別」「殺菌温度」「殺菌時間」等を表示する等、品目によってはさらに詳しい表示が求められている。さらに、該当すれば、「遺伝子組換農産物」「特定保健用食品」「機能性表示食品」「栄養機能食品」の表示ルールに従った表示が必須の商品もある。従来からの表示との大きな違いは、原材料と食品添加物が区別して表示されるようになった点、一定の条件の下で製造者の名称や所在を明示することが必要となった点、これまで任意表示だった栄養成分表示が義務表示となった点等があげられる。

　このように、2000年代の食品偽装問題の社会問題化を経て、生産と消費の間の情報の隔たりを食品表示が埋めるための法制度の改善が進められた。このことは消費者の安心感を高めることから、加工食品の円滑な流通を実現する上で不可欠なものと言えよう。

9）商品表示には「してはいけない表示」もある。消費者を惑わすような「してはいけない表示」については「不当景品類及び不当表示防止法」で規定されている。

【課題】

1．スーパーマーケットはなぜ加工食品を加工食品メーカーから直接仕入れ
ず、卸売業者を通すのか。卸売業者を経由する場合のスーパーマーケッ
ト側のメリットを考えてみよう。

2．食品卸売業は消費者側からみえにくい業界だが、売上高2兆円を超える
巨大な企業が存在することをこの章で学んだ。この章で取り上げていな
い他の食品卸売企業の事業についても、ホームページ等で調べてみよう。

3．身近な加工食品を手に取り、表示されている情報のうち法制度に基づく
必須情報や顧客獲得のための任意の表示情報等を整理してみよう。

【参考文献】
・日本フードスペシャリスト協会編『(三訂) 食品の消費と流通』建帛社・2016年
・日本農業市場学会編『農産物・食品の市場と流通』筑波書房・2019年

11　食品の購買行動

　フードシステムは消費者の厚生を高めるためにある。したがって、フードシステムの態様を決定するのは消費者の食品購買行動であるといっても過言ではない。

　食品の購買には、消費者購買と事業者購買（事業者間取引）がある。事業者購買では外食・中食事業者、食品メーカーが中心となる。前者については12章、後者については7章で解説しているので、ここでは、消費者購買を中心に解説しよう。

（1）食品購買の特性

1）最寄品としての特性

　一般的に、消費者の購買態度から商品を分類すると、日常の生活行動圏内で購入する最寄品、購買前に品質や価格、商品特性等をよく比較する買回品、独自のブランドや個性を持ち高単価で購買までに十分な努力をかけようとする専門品に分けられる。

　多くの食品は最寄品に含まれる。消費者は最小の購買努力で購入しようとする。ブランド間知覚の差異が大きい食品では一定の判断基準で実験的購買が行われる。ブランド間知覚の差異が小さい食品では選択に時間をかけずいつもと同じものを選択する慣性購買が行われる。

2）食文化からみた特性

　2013年「和食」がユネスコ無形文化遺産に登録されたが、「自然を尊ぶ」という日本人の気質に基づいた「食」に関する「習わし」が評価されたともいえる。「食品」をモノとしてだけではなく、生活や文化の一部としてとら

えている。

　日本人の食品に対する意識のベースには、「自然で育まれた素材の良さを
いかす」という考え方がある。これによって、食品購買では、鮮度が重視さ
れることとなる。さらに、購買態度では食品を見てから購入する非計画購買
が多く[1]、店舗で買い物をする頻度が高く、品物を選択する段階では賞味期
限や消費期限を重視する傾向が強い。

3）食生活からみた特性

　1960年代から1990年代までの食生活の変化は、所得の上昇に伴う高級化、
食品の選択肢が増える多様化、調理の外部化による簡便化、高齢化と食生活
の成熟化に伴う健康・安全志向であると指摘されている[2]。その後、2000年
代にかけて、高級化については平均所得は上昇せず、所得格差の拡大に伴い
高級化・高価格化と低価格化に分化した。多様化については、引き続き進行
した。簡便化については、安定した推移となり、相当程度定着した。健康・
安全性については、長寿化の進行に伴い、ますます強まった。

（2）購入品目の動向

　多様化、新規性、健康志向、省力化の観点から、近年の購入品目の特徴を
みてみよう。

1）多様化

　社会が成熟化し購買の選択肢が増えれば増えるほど、消費者の個性にあっ
た商品が選択されるようになる。すなわち、個別化が進展する。例えば、生
鮮3品において、特定品目への集中度が小さくなる。
　具体的に、家計調査年報に基づいて、2000年から2019年にかけて、主な食

1）飽戸（1992）より。
2）時子山ら（2015）より。

品の購入金額の変化を観察する。ここで、米、パン、生鮮魚介、牛肉、豚肉、鶏肉、牛乳、乳製品、生鮮野菜、大豆加工品、生鮮果物、調味料、弁当、コロッケ・天ぷら等、冷凍調理食品、茶類、コーヒー・ココア、すし（外食）、喫茶代（外食）の19品目について、2人以上世帯における1世帯当たり年間の品目別支出金額を比較した。2000年に10％以上のシェアを占めていたのは、生鮮魚介、生鮮野菜、コロッケ・天ぷら等の3品目であったが、2019年には生鮮野菜、コロッケ・天ぷら等の2品目に減少し、また19品目の中でシェアを上げたのは12品目もあった。

2）新規性

　社会の成熟化、食のグローバル化に伴い、食品の分野でも新規登場品目が拡大する。具体的には、「その他の分類」に含まれる食品の支出が増える。

　家計調査年報に基づいて、2003年から2018年にかけて、その他に分類される食品の購入金額の変化を観察する。ここで、他の穀類、他の魚介加工品、他の野菜・海藻加工品、他の調理食品、他の飲料の5品目について、2人以上世帯における1世帯当たり月間の品目別支出金額を比較した。**図11-1**に

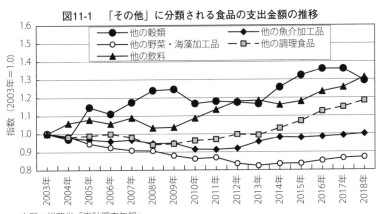

図11-1　「その他」に分類される食品の支出金額の推移

出所：総務省「家計調査年報」
注：縦軸は、品目ごとに2003年の支出金額を1とした指数を表す。

示すとおり、2003年の支出金額を1として各年の指数の推移をみたところ、4品目で2018年の指数の値が1以上であった。また、他の魚介加工品は横ばいで推移したが、生鮮魚介の支出金額のほうは2000年から2019年にかけて減少していた。

3）健康志向

　長寿社会の進行に伴い、健康維持・増進への関心が高まり、これに寄与する食品に対するニーズは拡大する。カロリー、脂質、糖質、塩分の取りすぎを避けるため、生鮮野菜、牛乳・乳製品に対する消費が堅調となる。また、消費者庁と食品安全委員会の審査を経てある一定の科学的根拠を有すると認められた特定保健用（トクホ）食品、ビタミンやミネラルの含有量が国の基準を満たしている場合に栄養機能表示をつけることができる栄養機能食品に対するニーズが増大する。

　（公財）日本健康・栄養食品協会の「2019年トクホ市場規模」によると、トクホ市場は、2013年から2019年まで6,000億円強でほぼ横ばいの推移を示した。いわゆる、サプリメントは、特定成分が濃縮された錠剤やカプセル形態のものをさすが、スナック菓子や飲料で用いられる場合もある。あるいは、栄養補助食品、健康補助食品という単語が用いられる場合もある。このような各種単語が登場していることからも健康志向の高まりがみてとれる。

4）省力化

　共働き世帯や単身世帯の増加に伴い、食卓メニューの決定、買い物、調理、喫食、片付けまでに要する時間を節約しようとする傾向が強まる。例えば、外食・中食や冷凍・加工食品の利用が堅調に推移していることから理解されるように、一連の作業にかける時間を減らそうとしているとみられる。

　図11-2より、冷凍食品、レトルト食品、缶びん詰食品について、2010年以降の生産額、あるいは生産量の推移をみると、冷凍食品とレトルト食品は伸びたが、缶びん詰食品は減少した。すなわち、省力化のための手段として、

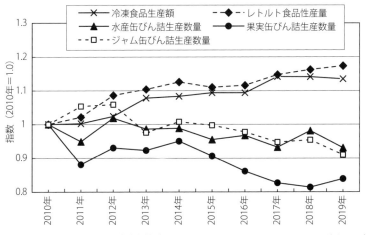

図11-2　冷凍・加工食品の生産状況の推移

出所：日本冷凍食品協会の統計資料（https://www.reishokukyo.or.jp/statistic/pdf-data-2/）

冷凍食品とレトルト食品が支持されたと言える。

　しかし、「国民生活時間調査」（NHK放送文化研究所）から国民全体の平均で平日の時間消費をみると、2015年は食事１時間36分、買い物23分、炊事・掃除・洗濯１時間13分、合計３時間12分、同順で2010年１時間32分、22分、１時間13分、３時間７分、2005年１時間35分、22分、１時間13分、３時間10分、2000年１時間33分、20分、１時間９分、３時間２分、1995年１時間31分、18分、１時間11分、３時間である。食に関連する省時間化は限定的のようである。

（3）購入場所の多様化

　消費者の食品の購入場所（購入先）についてもみておこう。
　「2020年版　スーパーマーケット白書」（一般社団法人全国スーパーマーケット協会）に基づいて、食品を中心とした買い物における購入場所別の利用構成比をみると、青果・肉・魚の生鮮３品では食品スーパー60％、総合

スーパー27％、合計で87％とスーパーが主流である。また、日配品と米・パン類は同じく55％と25％で、スーパーが80％を占め、惣菜・弁当類、冷凍食品、菓子類は53％と25％で、合わせて78％、ソフトドリンク、インスタント食品では50％と25％で75％を占め、いずれもスーパーが主流である。

　さらに、食品を含む買い物において月1回以上利用する購入場所を回答した消費者の割合をみると、食品スーパー66.5％、ドラッグストア62.2％、コンビニエンスストア57.5％、総合スーパー51.5％、ネット通販35.4％、総合ホームセンター30.0％である。また、それぞれの月間平均利用回数は、食品スーパー9.3回、食品宅配7.9回、コンビニエンスストア7.4回、生協（店舗型）6.3回、総合スーパー6.2回、ミニスーパー6.1回、生協（宅配）5.9回、ネットスーパー5.8回であり、買い物場所の集中度は低い。消費者は食品中心の買い物でスーパーを主に利用しているが、食品を含む買物では多様な購入場所を利用していると言える。

　「平成30年度　農林水産情報交流ネットワーク事業－全国調査－買い物と食事に関する意識・意向調査」（農林水産省）によると、消費者が食品の購入で1週間に1回以上利用する場所は「食品スーパー」が96.5％と際立って高く、次いで「コンビニエンスストア」43.1％、「地元の一般小売店」24.8％、「農産物直売所」23.5％であった。また、食品を購入する際に最もよく利用する店舗については、「食品スーパー」と回答した割合が90.8％であったのに対し、「地元の一般小売店」4.3％、「コンビニエンスストア」3.2％、「農産物直売所」1.1％であった。

　日常的な食品中心の購入では食品スーパーに集中する傾向が強いものの、食品以外のものも含めた総合的な買い物ではドラッグストア、コンビニエンスストア、ネット通販等も多く利用されている。消費者はそれぞれの業態の特徴をいかして使い分けていると考えられる。

（4）購入要因の変化

　購入を決定する要因には、店舗選択要因と食品選択要因の２つがある。

　まずは店舗選択要因についてみてみよう。「2020年版　スーパーマーケット白書」（一般社団法人全国スーパーマーケット協会）によると、食品を含む買い物で最もよく利用するスーパーへの来店理由は、「便利な立地でアクセスがしやすい」50.3％、「駐車場があり、車で来店できる」46.9％、「電子マネー、キャッシュレス決済ができる」40.4％であり、アクセスのしやすさが最も重視されている。食品を含む買い物で食品スーパーを選択する理由もほぼ同様で、「便利な立地でアクセスがしやすい」45.8％、「駐車場があり、車で来店できる」42.6％である。総合スーパーも「便利な立地でアクセスがしやすい」43.0％、「電子マネー、キャッシュレス決済ができる」38.8％、コンビニエンスストアも「便利な立地でアクセスがしやすい」45.1％、「電子マネー、キャッシュレス決済ができる」42.3％で、いずれもアクセスのしやすさを中心に買物の便利さが重視されている。消費者は比較的頻繁に食品を含む買い物をするため、アクセスしやすいスーパーを選びがちになるのであろう。

　次に、食品選択要因についてみていこう。

　「令和２年（2020年）１月消費者動向調査」（日本政策金融公庫）により、米、野菜、果物、牛肉、豚肉、鶏肉、卵、牛乳乳製品、魚介類、惣菜、弁当類の購入時における判断基準をみると、すべての品目で「価格」が最上位にあげられている。また、2015年調査との比較では、多くの品目で「価格」の割合が上昇し、価格以外の判断基準は低下した。特に、「国産」「安全性」は４品目で、「味」は３品目で、前回調査から10ポイント以上減少した。ちなみに、「令和元年（2019年）７月消費者動向調査」でも輸入食品の「安全性に問題がある」というイメージは低下していることが明らかになった。近年、食品の安全性に関する重大な事故や事件があまり発生していないことが一因

として考えられる。

遺伝子組換え食品に対する意識について、「平成28年度（2016年度）食品表示関する消費者意向調査報告書（遺伝子組換え食品の表示に関する事項（抜粋版））」（消費者庁）によると、遺伝子組換えでない農産物のみを原材料とした食品について「価格が高くても購入したい」が3割弱にとどまった。

食品選択要因については、近年食品の安全性に関する重大な事故や事件があまり発生していないことを一因として、食の安全に対する関心が薄れるとともに、価格を重視する傾向が高まっているとみられる。特に、多くのインターネットショッピングモールにおいて、商品間の価格を明確に瞬時に比較できることも背景にあると考えられる。消費者が店舗へアクセスしやすいことと価格が安いことを重視すればするほど、インターネット通販の利用は増えることが予想される。特に、レトルト食品、食品缶詰等日持ちする定番型の食品については、長期間在庫することが可能となるので、食品購買ツールとして普及していく可能性があろう。

（5）購入形態の多様化

1）食品のネット購入

アマゾンはネット通販に適する商品を選定する際、日持ちする、すなわち在庫管理がしやすい商品が望ましいとして書籍を選択した。この観点から、多くの食品は日持ちしないので、ネット通販に適さないといわれてきた。「2018年スーパーマーケット白書」（一般社団法人全国スーパーマーケット協会）によると、商品カテゴリー別にみた場合、電子商取引の利用は商品によって大きな開きがみられ、商品カテゴリー別に電子商取引化率を比較すると、「事務用品・文具」「生活家電、AV機器、PC等」「書籍、映像・音楽ソフト」等は20％を超えているのに対し、「食品・飲料・酒類」はわずか2％程度にとどまると指摘されている。

食品、飲料、酒類を販売する大小様々な実店舗は地域に密着する形で全国

に存在し、消費者は食品スーパーでの購入を主流としていることからも理解
できるように、食品販売店舗と消費者との間にはリレーションシップが確立
されている。よって、将来的にもネット通販がそれらを大きく飲み込むこと
で、ネット通販の市場規模が極端に拡大することは現実的には想定しがたい。
ただし、消費者のライフスタイル別にみると、生鮮品のネット購入を利用し
がちとなるライフスタイルがあるとの指摘もある[3]。

　ネット通販における消費者のメリットとしては、パソコンにおけるオー
ダーメイド型販売等のカスタマイズ機能の充実などがあげられる。食品では
季節別の詰合せ（例えば「旬の野菜」の詰合せ）や、実店舗の中の商品との
組合せ、あるいは地域特産品等があげられる。ただし、ネット通販の場合、
宅配サービスの物流費がかかるので、消費者のトータルでの支払い額はあま
り下がらないことになる。

　食品のネット通販サービスの歴史をたどると、1990年代後半に米国におい
てサービス企業（例えばピーポッドやネットグローサー）が登場したことま
で遡るが、その多くは成長軌道に乗ることができなかった。その後「Amazon
Fresh」が2007年に生鮮品を中心としてサービスを開始した。米国の企業イ
ンスタカート（Instacart）は食料品の即日配達サービスを運営している。
消費者はウェブアプリケーションを通じて様々な小売業者が販売する食料品
を選び、個人のショッパーによって配達される仕組みである。

　Amazon Freshやインスタカートがどれほど伸びるかはまだ定かではない
が、消費者のメリット次第で、文具、書籍、AV機器等のようにネット購入
が普及する可能性は多分にあると考えられる。

2）メインメニューとしての調理食品の購入

　従来の外食では外食店において嗜好性の強いメインメニューを接客サービ
スを受けつつ楽しむのが一般的であったが、消費者がメインの食事に該当す

3）伊藤（2018）より。

表 11-1　家庭外で調理し家庭で喫食する形態

対象＼配達主体	事業者	消費者	第3者
外食	出前サービス	レストラン・ファストフード等のテイクアウト	サービス提供会社（ウーバーイーツ、出前館等）
中食	ピザ、弁当店等	客席のないすし店・ピザ・惣菜、弁当店等	―

出所：筆者作成

る調理食品を購入し、自宅で喫食する形態が増えている。古くは、中華料理店、そば・うどん店等における出前というシステムが主流であったが、その後、ピザ・弁当等における出前専門店、寿司・惣菜等の持ち帰り専門店が登場した。さらに、インターネットの普及に伴い、スマホで注文しレストランから家庭へ食事を宅配するフードデリバリーサービスが登場した。

　それらを配達主体の違いに注目して整理したのが**表11-1**である。現在、第3者が配送を受け持つフードデリバリーサービスが普及しつつあるが、配送コスト等との関連で今後どのように展開するかは注目に値しよう。

3）オムニチャネルによる購入

　オムニチャネルとは、消費者が欲しい商品を、好きな時に好きな場所で受け取れるようにする戦略である。欲しい商品を欲しい時に入手する、あるいは食べたいメニューを食べたいときに食べられるようにするための手段である。

　例えば、SNSでおいしいものを知り、それを実店舗へ行って確認し、注文はスマホで行う。注文したものは店舗で受け取る。あるいは、食品スーパーでの買い物において、スマホのアプリを起動して、売り場に設置されているPOPやチラシにかざす。次に、その商品を使ったレシピ情報を取り込む。消費者は、献立を考える際の参考にすることができ、実際に作りたいと思った場合、必要な食材をその場で探して購入することができる。レシピ情報サービスのクックパッドは、生鮮食品ECプラットフォームを整備した。利用者

は、スマホアプリで生鮮食品を注文する。その注文に対応して農家や精肉店、鮮魚店は、地域の店舗や施設にある受け取り場所へ注文された商品を配送する。利用者は受け取り場所で商品を受け取る仕組みである。

【課題】

1．食品購入では、「食品の安全」と「安心して食べること」が一致することが重要である。しかし、ある食品が科学的に安全と証明されても、消費者が安心せず、当該食品を購入しなくなる場合がある。これは風評被害というが、生産者にとって痛手となる。消費者が、このような非合理的な行動をとらないようにするためにはどのようなことが大切か。皆で議論してみよう。

2．日々の内食は、「献立の立案⇒食品購入⇒食品持ち帰り⇒調理⇒喫食⇒片付け」という流れで進行する。この流れにおいて、喫食以外は外部へ委託することが可能であるが、どのようなサービスがあるか。整理して一覧表にまとめてみよう。

3．皆さんが食料品の買物先を選択する理由は何か。できるだけ多くの理由をあげてみよう。

【参考文献】

・飽戸弘『食文化の国際比較』日本経済新聞社、1992年
・伊藤雅之『農産物販売におけるネット活用戦略』筑波書房、2018年
・時子山ひろみ他『フードシステムの経済学　第5版』医歯薬出版株式会社、2013年

12　食の外部化の進展

　食品の調理や加工が家庭の外で行われることを食の外部化と呼ぶ。近年、外食や中食のような食事形態を好む消費者が増え、「食の外部化」が進んでいるといわれている。こうした外食や中食の変遷をみると同時に、近年の内食における動向についてもみながら私たちの食への志向と食事形態の変化を理解しよう。

（1）社会の変化と消費動向

1）経済成長と食料輸入

　1960年代以降、日本は工業系の製造業部門を発展させ、高度経済成長期を経て経済的な豊かさを得た。人口が増加するとともに国民の食料需要も増大し、それにともなう形で農産物輸入量も増加した。日本が経済的に豊かになるなかで食料輸入の増加は顕著になり、そうしてわずか20年前後の間に、わが国の食料供給は、諸外国からの輸入食料に頼る部分が大きくなった。今日では、海外の農業や食品産業からの食料供給は、私たちの命を維持するための食にとって不可欠なものになっている。

　我が国の食料自給率はカロリーベースでみると、1965年に73%、1985年に53%、2018年にはさらに38%へ減少した[1]。必要な食料の6割以上を海外からの輸入に頼っているのである。私たちの食を支える仕組みは年々グローバル化していると言える。

1）農林水産省ホームページ「日本の食料自給率　令和元年度食料自給率について」https://www.maff.go.jp/j/zyukyu/zikyu_ritu/012.html

2）人口構成・世帯構成の変化

　総務省統計局[2]によると、戦後のベビーブームと呼ばれる出生率の増加期を経て日本の総人口は増加傾向となり、2010年には約1億2,800万人となった。が、その後、減少に転じ、2018年の総人口は1億2,600万人となり、2055年には1億人を割って9,700万人に減少すると予測されている。

　総人口が減少する一方で、国内の世帯数は増加している。国民生活基礎調査（2019）[3]によると、1986年には国内の世帯総数は3,754万世帯であったが、2019年にはその1.38倍にあたる5,179万世帯へと増加した。特に単身世帯と夫婦のみの世帯が大幅に増加している。1980年代初頭に683万世帯であった単身世帯数は2019年には1,491万世帯にまで増加し、夫婦のみの世帯は1986年の540万世帯から2019年には1,264万世帯へと増加した。平均世帯員数は1950年代に4～5人の間を推移していたが、核家族化が進み、1990年代に入って3人を割り、2019年には2.39人にまで減少した。世帯数の増加は世帯員数の減少によってもたらされた変化なのである。

　一方、総人口に占める65歳以上人口の割合は2019年に28.1％（総務省統計局データ）で、この割合は2055年には38.0％まで増加すると推計されている。このような65歳以上人口の増加は高齢化と呼ばれる。また、65歳以上の世帯員をもつ世帯、いわゆる高齢者世帯は、1986年の236万世帯から2019年の1,488万世帯へと大きく増加した。ちなみに、単身世帯と2人以上の世帯では高齢者世帯が半数を占めている。

3）食の簡便化志向の強まり

　労働市場における男女雇用機会均等法のもとで女性の社会進出が進められ

2）総務省統計局「日本の統計　第2章　人口・世帯　2-1　人口の推移と将来人口」https://www.stat.go.jp/data/nihon/02.html
3）厚生労働省ホームページ「国民生活基礎調査の概況2019年」https://www.mhlw.go.jp/toukei/saikin/hw/k-tyosa/k-tyosa19/index.html

図12-1　世代別20代～70代にみる食の志向（2020年1月調査）

(単位：%)

	20代	30代	40代	50代	60代	70代
健康志向	27	31	35	38	53	61
簡便化志向	50	45	44	36	26	21
経済性志向	47	39	39	41	26	24
手作り志向	13	18	19	21	23	32
安全志向	18	20	17	15	24	22
国産志向	10	12	14	17	24	22
美食志向	16	10	9	9	11	6

出所：農林水産省「令和元年度 食料・農業・農村白書」p.125（原資料は㈱日本政策金融公庫「消費者動向等調査（2020年1月）」）

てきた。「男女共同参画白書」⁴⁾ では共働き世帯の増加が報告されている。1980年には男性雇用者と配偶者（無業）からなる世帯は1,114万世帯あったが、2017年には641万世帯へ減少し、一方で雇用者における共働き世帯は1980年の614万世帯から2017年には1,188万世帯へと増加した。

　高齢化、単身化に加えて、こうした夫婦共働きが一般的になった結果、人々の食生活にも大きな変化が現れた。家庭での調理に時間をかけることができない等の理由で、簡便化した食事形態を好む人が増えているのである。**図12-1**からわかるように、食の簡便性を求める志向はすべての世代にみられる。20代～50代はこうした簡便化志向と合わせて経済性志向も強い。一方、60代や70代は健康志向への関心が高く、特に70代は手作り志向も他の世代より高い。

　こうした変化の概要を具体的に把握するために作成したのが**図12-2**である。ここでは国民の飲食料の最終消費額を生鮮品等（野菜サラダ等の生鮮一次加工品を含む）、加工品（惣菜、一般加工食品等）、外食に区分し、1985年から2015年までの推移をみた。

　これによれば、1985年からバブル経済の崩壊期にかけて総消費額は大きく増加し、その後、比較的長期にわたって横ばいないし微減傾向で推移した。

4）内閣府「男女共同参画白書（概要版）平成30年版」本編>I>第3章　仕事と生活の調和（ワーク・ライフ・バランス）https://www.gender.go.jp/about_danjo/whitepaper/h30/gaiyou/html/honpen/b1_s03.html

図12-2　飲食料の最終消費額の変化

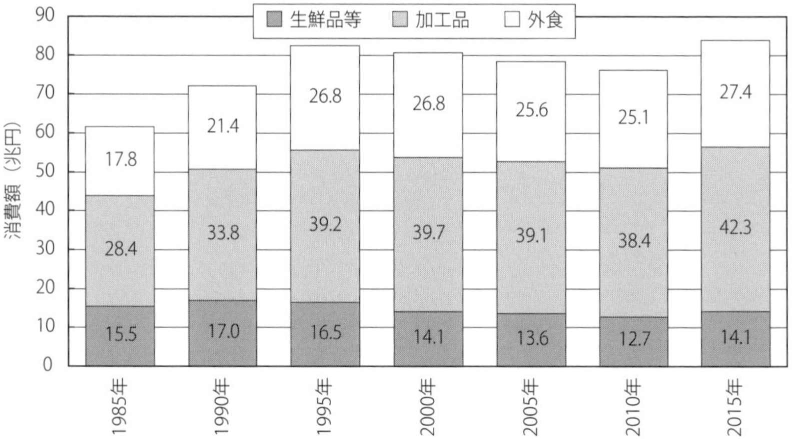

	生鮮品等	加工品	外食
1985年	15.5	28.4	17.8
1990年	17.0	33.8	21.4
1995年	16.5	39.2	26.8
2000年	14.1	39.7	26.8
2005年	13.6	39.1	25.6
2010年	12.7	38.4	25.1
2015年	14.1	42.3	27.4

縦軸：消費額（兆円）

出所：農林水産省「農林水産基本データ集」

総消費額が増加した時期には、外食と加工品が大幅に増加した。生鮮品等は増減したものの、明確に増加したとは言い難い程度の変化にとどまった。バブル経済崩壊後の経済低迷期には外食、加工品とも横ばい・微減傾向を呈したが、生鮮品等は明らかに減少した。そして、2010年から15年にかけて増加幅が最も大きかったのは加工品である。

　ここでの加工品は事前に何らかの加工や調理がなされた惣菜や一般加工食品であることから、外食ほどではないとしても、家庭での食事の準備にかかる手間を少なくするのに役立つことは言うまでもない。すなわち、人々の簡便化志向は加工品と外食、特に加工品の需要の増加となって現れているのである。

（2）外食・中食・内食

　内食とは生鮮食品や調味料等を用いて家庭で調理を行い、消費するという食事形態を指し、調理を家庭外に依拠する食事形態には、飲食店での外食や、

140

家庭外で調理された惣菜や弁当を持ち帰って消費する中食がある。

1）外食産業の台頭と拡大

　消費者の外食への消費支出が増加したのは1970年以降である。日本の外食産業は、惣菜等を販売する料理品小売業を含めると、1980年に15兆円の市場規模であったが、2019年には2倍以上の33兆円へと成長した。そもそも外食産業は、給食主体部門と飲酒主体部門によって構成される。（公財）食の安全・安心財団によると、給食主体部門は、営業給食と集団給食という類型からなり、営業給食とは一般的な飲食店（食堂・レストラン、そば・うどん店、すし店等）や飛行機で提供される機内食、宿泊施設における飲食を意味する。集団給食は学校や企業、病院、保育園での給食等が含まれ、料飲主体部門は喫茶店や居酒屋、飲酒をともなう飲食店が含まれる。それぞれの市場規模は**図12-3**に示すとおりである。

　一般的な外食事業にはそば屋や寿司屋、喫茶店等があり、日本にはもともと外食という食事形態があった。それらがより一般化し、定着するようになった背景には、1970年7月に東京都府中市で開店したファミリーレストランの「すかいらーく」の存在が大きい。それまでの飲食店では家族で食事をすることが主目的の場所は少なく、顧客のターゲットを家族層とするすかいらーくの出現をきっかけに外食という食事形態は人々に広く受け入れられるようになった。このような経緯で「ファミリーレストラン」という飲食店のカテゴリーが確立された。横川・茅野4兄弟によって創設されたすかいらーくは、グループ会社を設立するなどして和食や中華等の多様な食を提供し、幅広い年齢層のニーズにこたえる事業を展開していった[5]。2020年現在、株式会社すかいらーくレストランツと系列会社のニラックス株式会社等は、台湾とマレーシアで計62店舗を構えるなど、国内外に3,217店舗を有するほど

5）「外食産業を創った人々」編集委員会「時代に先駆けた19人　外食産業を創った人々」商業界 2005年 p.10-18、19-129

図12-3　外食産業市場規模の推移

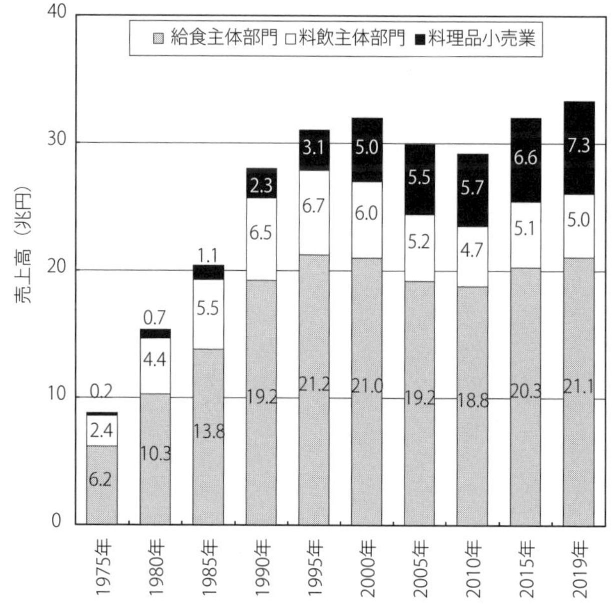

出所：（一社）日本フードサービス協会ホームページ
注：料理品小売業は弁当給食を除く。

である[6]。

　すかいらーくが第1店舗を開店するのと同時期、大阪で開催された日本万
国博覧会にKFCインターナショナルが出店し、1970年に名古屋市にケンタッ
キーフライドチキンの店舗が初めて開店した。翌年の71年には、藤田田氏に
よってアメリカのフランチャイズ飲食店であるマクドナルドの第1号店が銀
座で開店した。ケンタッキーフライドチキンやマクドナルドは、ハンバー
ガーやフライドチキン等アメリカナイズされた食文化を日本にもたらしたと
いうだけでなく、フランチャイズシステムというビジネスモデルを日本の外

6）すかいらーくグループ「企業情報、事業紹介、グループ店舗数」https://
　www.skylark.co.jp/company/group_number.html

食産業に広げた。同システムでは、本部と契約の上、加盟店へ営業・運営ノウハウが提供されるため、同一のメニューやサービス、品質が日本全国に広がった。

2）中食市場の拡大

　（公財）食の安全・安心財団によれば、加工食品のうち調理済みの冷凍食品や弁当、惣菜は調理食品に分類され、さらに調理食品は主食的調理食品とその他の調理食品に分類される。主食的調理食品は弁当やおにぎり、調理パン等であり、その他の調理食品はサラダ、冷凍食品、ウナギのかば焼き、ハンバーグ、シュウマイ等、食事の主菜・副菜になる食品である。これらの調理食品が通常は中食と呼ばれる。

　消費者が中食を購入する場所は、日本惣菜協会「惣菜白書（2020年）」によると、スーパーマーケットが約7割、次いでコンビニエンスストア、デパートである。スーパーではコロッケや鶏のから揚げ、天ぷら等の揚げ物のおかず類、寿司、野菜サラダ等がよく売れている。コンビニは20代から30代の利用が多く、おにぎり、サンドイッチ、パスタ類、ホットドック、肉まん等の人気商品を揃えている。中食商品のラインナップからみて、いずれも主食的調理食品とその他の調理食品の両方を取り扱う業態と言える。

　スーパーやコンビニとは異なる中食販売の業態として、ほっかほっか亭のように主食的調理食品を中心に販売する中食店も伸びているし、マクドナルドも2010年から「マックデリバリーサービス」という宅配サービスを開始した。すかいらーくグループのガストや夢庵等でも「持ち帰り（テイクアウト）」を始めた。さらに、2020年の新型コロナの蔓延を契機に、従来中食業務に取り組むことがなかった外食店舗・外食企業の多くも苦境を打開するため中食分野に進出するようになった。テイクアウトに加えて、ラーメン店やそば屋等のような宅配サービスも行うところが多い。しかも、Uber Eatsや出前館といった配達業務に特化したデリバリーサービス業者も現れ、自宅にいたまま携帯で注文し、受け取ることも容易になった。

農林水産省「食料・農業・農村白書」[7]によれば、世帯類型別の食料支出割合分析から特に単身世帯における中食への支出割合の増加が著しいことが明らかになった。単身世帯の食料支出の中での中食支出割合は、1990年の28.6％から2010年の44.8％へ、16ポイント以上も拡大したのである。近い将来である2035年には、単身世帯の中食支出割合は61.1％になるとも予測されている。

（3）食の外部化の今後

　今後、これまで以上に高齢化が進み、それによって単身化が進むことによって、食の外部化が一段と進展することは間違いない。このことは農林水産省農林水産政策研究所が「我が国の食料消費の将来推計（2019年版）」において、2人以上世帯と単身世帯の比較を通して行っている世帯類型別の食料支出割合の分析からも明らかである。それを示したのが**図12-4**である。

　これによれば、2人以上世帯では食料支出全体の中で外食支出の比率は増加するとしても、ごくわずかにとどまるのに対し、内食の食材となる生鮮食品の支出割合は明白に低下する一方、中食にあたる加工食品は比較的大きく伸びることになる。具体的な比率で言うと、生鮮食品比率は2010年から30年にかけて31％から25％へ低下し、それに代わって加工食品が52％から57％へ上昇するとみている。

　また、単身世帯では2010年時点で生鮮食品の支出比率はわずか17％と低いものの、これはさらに低下し、30年には14％にまで落ち込むと予測している。そして外食も10年の38％から30年の28％へ、10ポイントも低下するとみる。これらとは逆に、中食である加工食品は同期間に45％から58％へ、13ポイントもの上昇を見込んでいる。

7）農林水産省ホームページ「平成26年度 食料・農業・農村白書」https://www.maff.go.jp/j/wpaper/w_maff/h26/zenbun.html

図12-4　世帯類型別食料支出割合の推移と予測

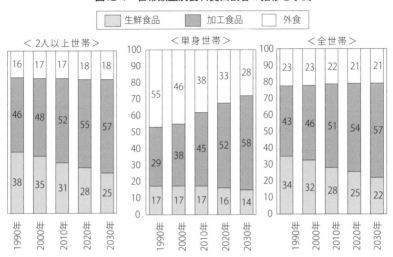

出所：農林水産省農林水産政策研究所「我が国の食料消費の将来推計(2019年版)」
注：1）平成27（2015）年以降は推計値。
　　2）外食は、一般外食と学校給食の合計。生鮮食品等は、米、生鮮魚介、生鮮肉、牛乳、卵、生鮮野菜、生鮮果物の合計。加工食品はそれ以外のもの。

　これらの結果、全世帯でみた場合も外食と中食（加工品）は合計で2010年の73％から30年の78％へ、5ポイント上昇し、内食（生鮮食品）は28％から22％に低下する。食の外部化がさらに進むことになるのである。
　しかし、外食や中食によって食の簡便化が可能になるとしても、高齢化が進むにつれて健康志向をどのように満たすかも十分に考慮しなければならない。その対応策の一環として、農林水産省はホームページに一般消費者を対象に「みんなの食育」[8]というページを設け、健康的な食生活を推進するための様々な料理レシピを提案するとともに、食事のあり方を見直すために栄養バランスのチェックシートや世代・ライフスタイル別に留意する点等を情報提供している。その中で注目されるのが、食材宅配サービス業等で既に

8）農林水産省ホームページ「みんなの食育」https://www.maff.go.jp/j/syokuiku/minna_navi/index.html

取り入れられている「ミールキット」である。これは調理に必要な生鮮食品や調味料を分量ごとに袋や容器に詰め、食材の下処理（野菜の洗浄や肉の切り分け）を不要にし、調味料の計量の手間をなくす等、従来の内食の食材とも異なっている。その簡便性を重視するならば、中食といっても間違いではない。が、いずれであるかはともかくとして、ミールキットは栄養バランスを考慮した食材の組合せも可能な上、簡便性もあることから、これからますます伸びる可能性は高い。すなわち、今後の食の外部化の進展は、従来の概念による中食を中心にした伸びと、中食と内食の中間とも言えるミールキットのようなものの伸びとの両面で進む可能性が高いと考えられよう。

【課題】

1．日本の人口動態と人々のライフスタイルの変化から、近年の食事形態の変化を考察しよう。
2．内食や中食、外食の定義を整理しよう。
3．ミールキット等の登場で内食が促進されたといわれているが、内食の頻度を高めるための方法について皆で議論しよう。

【参考文献】
・日本惣菜協会『惣菜白書（2020年）』日本惣菜協会、2020年
・茂木信太郎『外食産業の時代』農林統計協会、2005年
・高橋麻美『よくわかる中食業界』日本実業出版社、2006年

13　米のフードシステム

　米は「主食」と言われ、日本人にとって最も重要な食料の一つである。そのため、2004年に食糧法（正式名称は「主要食糧の需給及び価格の安定に関する法律」）が改正されるまで、米の取引ルートや価格形成に関して、今では信じられないほど政府（国）が強い規制を行っていた。本章ではそうした過去の規制にも触れつつ、現在のフードシステムを中心に記述を進めることにしよう。

（1）米フードシステムを構成する多様な流通ルート

　食糧管理法時代（1942年〜1995年）は生産者（農家）の自家用米以外はすべて政府（国）が「買い入れ価格」を決めて買い上げ、また「売り渡し価格」を決めて販売していた。政府を経由しない米、例えば生産者が消費者に直接販売するような米は闇米（やみまい）と呼ばれ、法律違反であった[1]。生産者から米を集めて政府に売り渡す業者（農協等）や、政府から仕入れて消費者に販売する業者（卸売業者、小売業者）も政府から指定または許可を受けていた。それら以外の者が米の売買に従事することは禁じられていた[2]。すなわち、当時は政府を軸とする流通ルートのみが、正規の米流通ルートであった。

　しかし、特定の流通ルートだけを認めていた規制も食糧法が食糧管理法に

1）食糧管理法の下では米の取引に関して生産者は政府への売り渡し義務があり、これに違反すると「2年以下の懲役または300万円以下の罰金」を科せられた。（農林水産省「米流通をめぐる状況」平成20年10月参照）

2）米を取り引きする業者は政府の指定または許可を受けなければならなかったが、これに違反すると「3年以下の懲役または300万円以下の罰金」を科せられた。（農林水産省「米流通をめぐる状況」平成20年10月参照）

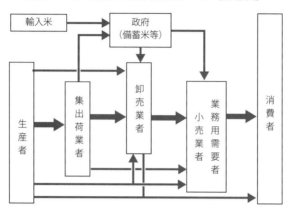

図13-1　米の現在の取引流通ルート（概念図）

出所：農林水産省資料等を基に筆者が作成

取って代わった時点（1995年）で大幅に緩和され、さらに2004年に食糧法が改正されて取引の自由化がほぼ実現した。現在では政府が強く規制しているのは米の輸入に限られ、また政府が買い入れるのは備蓄米[3]に限られている。

　規制緩和によって形成された現在の米流通ルートの概要を示すと、おおよそ**図13-1**のとおりである。この図からも推察できるように、「生産者→集出荷業者→卸売業者→小売業者等→消費者」が現在の主要な流通ルートで、取引量全体の3分の1ほどを占めている。ちなみに、集出荷業者とは生産者から集荷して卸売業者等に販売する業者で、具体的にはその多くは農業協同組合（JAまたは農協とも称される）であるが、この他に産地の民間企業（肥料販売等を兼ねる小売業者等）も集出荷業者となる。卸売業者とは主に集出荷業者から仕入れて小売業者等に販売する業者であるが、これは米卸と呼ばれる全国各地に存在する業者で、具体的には木徳神糧㈱、㈱神明等々である。また、三菱商事㈱等の総合商社が卸売業者となることもある。小売業者は

3）米の備蓄は1993年産米の大不作（作況指数74）による「平成米騒動」の発生を踏まえて、1995年制定の食糧法に組み込まれた制度である。不作時にも安定供給するために備蓄量は100万トンとされている。

スーパーマーケットやディスカウントストア、米穀専門店（米屋）等であり、業務用需要者は外食業者（レストラン等）、中食業者（弁当・惣菜製造会社等）、加工業者（米菓製造会社等）である。

　上記の主要ルートと政府経由のルート以外については、生産者が集出荷業者を通さずに卸売業者や小売業者、あるいは業務用需要者に直接販売するルートもあるし、直売所（ファーマーズマーケット）等で消費者に販売するルートもある。また、集出荷業者が卸売業者を通さずに小売業者や業務用需要者に販売するルートもあるし、インターネット通販等の方法で消費者に直接販売するルートもある。いずれにしても、主要ルートを中心にしながら、米の流通ルートの多様化が進んでいる。

　輸入米や備蓄米の流通ルートについても若干詳しく触れておくと、これらは通常、家庭等での食用として販売されることはない。政府は主に卸売業者や、米菓、配合飼料等を製造する加工業者に販売する。ただし、輸入量は年間80万～90万トン程度[4]で、一部は食料援助に用いられるため、全量が国内向けになるわけでもない。備蓄米は100万トンを保管することになっているが、毎年20万トン前後を入れ替えることにしている。それゆえ、保管期間が5年間になることから、その多くは飼料用に払い下げられる。

　なお、以上は売買対象となる米に関するものであるが、生産者が自家用・贈答用として消費する米も年間で100万トン超にのぼる。

（2）米生産の減少と多様化

　多様な流通ルートで構成されるフードシステムの始発である生産についてみると、「主食」である米の安定供給等の観点から国も各都道府県も生産効

4）日本はウルグアイ・ラウンド農業合意（1993年）という国際的取決めを行った際、米輸入の関税化を進める替わりに、輸入を制限できるミニマム・アクセス（最低輸入義務量）制度を採用し、輸入を一定数量に限った。現在は関税化を取り入れているが、ミニマム・アクセス制度は継続するため、毎年70万トンを超える米輸入が行われている。

表 13-1　米の地域別作付面積と収穫量（2018 年産）

地域	作付面積		収穫量	
	実数（ha）	構成比（%）	実数（トン）	構成比（%）
北海道	104,000	7.1	514,800	6.6
東北（6 県）	379,100	25.8	2,137,000	27.5
北陸（4 県）	205,600	14.0	1,096,000	14.1
関東（1 都 6 県）	233,200	15.9	1,231,400	15.8
東山（2 県）	37,100	2.5	225,600	2.9
東海（4 県）	93,400	6.4	462,400	5.9
近畿（2 府 4 県）	103,220	7.0	517,500	6.7
中国（5 県）	103,700	7.1	537,800	6.9
四国（4 県）	49,300	3.4	233,400	3.0
九州（8 県）	161,100	11.0	823,500	10.6
合計	1,469,720	100.0	7,779,400	100.0

出所：農林水産省「作物等計」
注：1）ここでの作付面積と収穫量は主食用米に関するデータである。
　　2）東北：青森、岩手、宮城、福島、秋田、山形、北陸：新潟、富山、石川、福井、関東：
　　　　茨城、栃木、群馬、埼玉、千葉、東京、神奈川、東山：長野、山梨、東海：静岡、愛
　　　　知、岐阜、三重、近畿：滋賀、京都、奈良、大阪、和歌山、兵庫、四国：徳島、香川、
　　　　愛媛、高知、九州：福岡、大分、宮崎、佐賀、長崎、熊本、鹿児島、沖縄。

率を高めるための圃場整備や味覚の向上を目的とした新品種の開発など、米の生産に大いに力を入れてきた。それゆえ、当然、全国47都道府県すべてで米生産が行われている。**表13-1**に示したように、大消費地である東京を抱える関東地域の作付面積と収穫量は全国の中でのシェアが15％を超えるほど高いし、近畿地域でも 7 ％前後に達するほどである。

　とはいえ、米も農作物であることから"適地適作"も進んでいる。適地とは**表13-1**から推察できるように、東北、北陸、北海道、そして関東である。ちなみに、都道府県別にみた米生産の全国第 1 位は北陸地域の新潟県で、2018年の作付面積11万8,200ヘクタール（全国総作付面積の8.0％）[5]、収穫量62万7,600トン（全国総収穫量の8.1％）。第 2 位は北海道（10万4,000ヘクタール、7.1％、51万4,800トン、6.6％）、第 3 位は東北地域の秋田県（8万

5）ここでは農林水産省「作物等計」のデータを用いているが、主食用米の数量に限られる。現在は生産調整政策によって主食用米以外の米の生産も行われているので留意されたい。

図13-2 米生産量の推移

出所：農林水産省「食料需給表」
注：ここでの数量は食用米だけでなく、非食用米も含む。

7,700ヘクタール、6.0％、49万1,100トン、6.3％）、そして第4位は関東地域の茨城県（6万8,400ヘクタール、4.7％、35万8,400トン、4.6％）である。

　国や都道府県が安定生産・供給に力を入れ、適地適作も進んでいる米生産ではあるが、生産量は増加しているわけではない。それどころか著しい減少傾向である。そのことを示すために農林水産省の「食料需給表」に基づいて作成したのが図13-2である。豊作と不作による増減はあるものの、1960年代末以降、明らかな減少傾向である。実際、これまでの米生産量のピークをみると1967年の1,445万トンで、これに対し2019年の生産量は815万トン、52年間で630万トン減少し、減少率は44％に達した。

　なぜこれほどまでに著しく減少したのであろうか。要因はいくつか考えられる。例えばそのひとつとして生産者の高齢化が顕著に進行したことがあげられる。農林水産省「農林業センサス」によれば、基幹的農業従事者[6]の

6）「基幹的農業従事者」とは、自営農業に主として従事した世帯員のうち、ふだん仕事として主に自営農業に従事している者をいう。（農林水産省統計部の用語説明：https://www.maff.go.jp/j/tokei/sihyo/data/08.html）。

表 13-2　米の用途別・年産別作付面積の推移

年産	用途別作付面積								合計作付面積
	主食用米		備蓄米		加工用米		飼料用米等		
	実数	構成比	実数	構成比	実数	構成比	実数	構成比	実数
	(万 ha)	(％)	(万 ha)	(％)	(万 ha)	(％)	(万 ha)	(％)	(万 ha)
2008 年	159.6	97.6	･･･	･･･	2.7	1.7	1.2	0.7	163.5
2010 年	158.0	95.4	･･･	･･･	3.9	2.4	3.7	2.2	165.6
2012 年	152.4	92.9	1.5	0.9	3.3	2.0	6.8	4.1	164.0
2014 年	147.4	89.9	4.5	2.7	4.9	3.0	7.1	4.3	163.9
2016 年	138.1	85.7	4.0	2.5	5.1	3.2	13.9	8.6	161.1
2018 年	138.6	87.2	2.2	1.4	5.1	3.2	13.1	8.2	159.0
2020 年	136.6	86.8	3.7	2.4	4.5	2.9	12.6	8.0	157.4

出所：農林水産省「米をめぐる状況について」2021 年 1 月
注：2008 年と 2010 年の備蓄米作付面積は主食用米作付面積に含まれる。

うち65歳以上の者の構成比は、既に1995年時点で稲作従事者が最も高く、51％と半分を超え、2番目は露地野菜作従事者の38％であった。しかも、2015年には稲作従事者の65歳以上構成比はさらに伸びて77％に達したのである（露地野菜作従事者の場合は58％）。

　しかし、生産量の減少に最も強く影響したのは、「減反政策」と称される「米の生産調整政策」であろう。同政策は1960年代後半以降、米の供給が需要を上回ったとの基本的認識の下、供給量を減らして需要量に合わせることを目的とした。そのため、同政策の最初の具体策として1971年に実施された「稲作転換対策」（1971年〜76年）では"休耕"と"転作"の2方策で供給量の削減が試みられた。休耕とは水田に作物を栽培しないで休ませることであり、転作とは水田で稲以外の作物を栽培することである。いずれも米の生産を止めて、供給量を減らすことがねらいであった。

　その後も主食用米の供給量の減少政策は継続するが、次第に米の生産力を維持しようとする方向に変化した。すなわち、食用米の作付面積の減少に替えて、加工用米や飼料用米等の他用途米の作付面積の維持・増加が図られた。そのことを明らかにするために作成したのが**表13-2**であるが、ここでの2008年と2020年を比較すると、主食用米の作付面積が23万ヘクタール減少したのに対し、米の総作付面積の減少は4分の1ほどの6万ヘクタールにとど

まったのである。

　このように、米のフードシステムの生産段階においては「主食」として全都道府県で生産が行われているものの、生産量の減少傾向が続く一方で、「主食米＋多用途米」といった米生産の多様化も進んでいる。ただし、本章は米のフードシステムの全体像を把握するのが目的であるため、以下の記述は主食用米に絞ることとする。

（3）取引の多様化と価格の低迷

　米の生産量の減少につれて取引量も減少しつつあるが、かつての食糧管理法（1942年〜1995年）時代と異なって取引が自由化され流通ルートが多様化したこと等によって、流通段階において取引・価格形成方法の多様化も進行している。

　現在の取引・価格形成方法を食糧管理法時代（1942年〜1995年）と比較した場合、その最大の特徴は輸入米や備蓄米を除くと、政府（国）が取引に介在しないことである。したがって、現在は生産者または集出荷業者、卸売業者、小売業者等の相互の間で個別に相対で取り引きするのが基本である。ただし、その場合、急場しのぎの一時的な取引もあれば、「生産・出荷側－卸売業者－仕入側」の３者間で単数年または複数年にわたる契約を交わして行う取引もある。特にレストラン等の業務用需要者は３〜５年等の長期契約取引を望むことが多い。ただし、契約取引の場合、力関係（供給過剰時には１度の取引量が多ければ多いほど買い手側が有利になる等）や契約年数等で価格が変わるだけでなく、数量だけを収穫前に決めておいて価格は現物の引き渡し直前に決める取引も少なくない。また、生産者や農協が直売所で消費者に直接販売する場合は、販売側が事前に値段を決めておく定価販売になるのが普通である。

　これらの以外の取引・価格形成方法もある。例えば、まだごく一部の卸売業者が行っているにすぎないが、小売業者等に対してインターネットを利用

した "B to B"[7] のセリ取引も始まっている。さらには、大阪堂島商品取引
所において米の先物取引[8] が行われているし、日本コメ市場株式会社が主
催するスポット取引[9] も行われている。

　こうした取引・価格形成方法の多様化の中で起きている重要な出来事のひ
とつは、ブランド[10] 間の価格差が大きくなっていることである。例えば最
も高価格なブランドは新潟県魚沼産コシヒカリであるが、この価格を100と
すると、同じコシヒカリでも隣県の富山県産コシヒカリは75〜80、茨城県
産あさひの夢は60〜65である。多様な流通ルートがあり、多様な取引・価
格形成方法がある中でのブランド間価格差であることを考慮すると、この価
格差は簡単に解消できるものではないと判断できよう。ただし、このことは
富山県や茨城県の米生産者にとって必ずしも不利だということではない。価
格差を逆手にとって、安価で売り込みを図ることも可能になるからである。

　もうひとつのより重視すべき出来事は、多様な取引・価格形成方法が可能
になったにもかかわらず価格が低下し、その後、低迷状態が続いていること
である。図13-3から明らかなように、これまでで卸売業者の米の買い入れ
価格が最も上昇したのは大凶作であった1993年で、玄米[11] 60キログラム当

7）「B to B」とは「business-to-business」の略称で、「卸売業者と小売業者」ま
　　たは「卸売業者と卸売業者」といった業者間（企業間）の取引をいう。
8）「先物取引」とは、将来の一定期日に一定の商品を受け渡しすることを約束し
　　て、現時点で価格を決めてしまう取引方法である。
9）「スポット取引」とは、商品の現物を前にして即時決済を行う取引方法である。
　　もともとは金融用語で、外国為替の直物取引を意味する。
10）ここでの「ブランド」は高級品という意味ではなく、産地や品種の違いに基
　　づいた、それぞれの米に名付けられた特定の名称である。例えば「北海道産
　　きらら397」（またはより簡潔に「きらら397」）、「新潟県魚沼産コシヒカリ」
　　等である。
11）米は収穫直後は籾米（もみごめ）または籾（もみ）と呼ばれる状態で、籾米
　　から籾殻（もみがら）を取り除いたのが玄米である。そして、玄米から胚芽
　　（はいが）や糠（ぬか）を取り除いたのが、我々が食べる "ごはん" となる精
　　米（せいまい）である。なお、重量の変化は玄米が籾米のおおよそ80％で、
　　精米が玄米の約90％である。

図13-3 産地・卸間の米相対取引価格の推移

出所：農林水産省資料
注：各銘柄の数量に基づいた加重平均価格である。

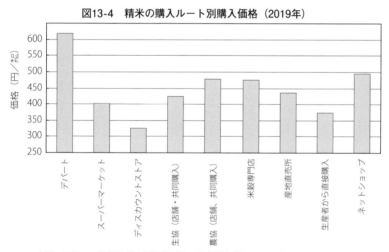

図13-4 精米の購入ルート別購入価格（2019年）

出所：米穀安定供給確保支援機構「米の動向調査結果」2020年12月

たり2万3,607円であったが、その後は不作の2003年を除くと、2007年まで
ほぼ一貫した低下傾向で、しかも2005年以降は1万6,000円前後か、それ以
下のところに低迷したままである。

　価格の低下・低迷の主因は次節でみる供給過剰であるが、それだけが原因
とは言えない。米の実需者として業務用需要者（外食業者、中食業者）が伸
長したこと、および米の小売段階でスーパーマーケットのシェアが6割を超

えるほどに伸びたことも、価格の低下・低迷に影響していると考えられる。業務用需要者の中には高品質の高価格米を求める者が存在することは間違いないが、コスト削減の観点から多くの業務用需要者は低価格米を求める傾向が強いからである。また、スーパーマーケットは**図13-4**から分かるように、取り扱う米の価格はデパートはもちろんのこと、産地直売所よりも低い。したがって、スーパーマーケットの販売量が増えれば増えるほど、生産者、集出荷業者や卸売業者との取引価格も低くなる可能性が高いのである。

（4）外食・中食比率の上昇と需要の減少

　消費段階も生産段階や流通段階の変化と相まって大きく変わったが、特に次の2点に注目したい。

　そのひとつは、米の消費において外食と中食で使用される比率が30％超を占めるほど高まったことである。米穀安定供給確保支援機構「米の動向調査結果」によれば、2019年に家庭内で消費された米の数量は食用米数量全体の67％で、これに対し外食での消費量は14％、中食は19％であった。

　外食・中食での使用比率が高まった主な理由は、?夫婦共稼ぎの家庭が増えたことによって家事に割ける時間が減少し、外食や中食の利用比率が高まったこと、②社会の高齢化が進んだことで単身世帯が増加したこと、であろう。特に単身世帯については**図13-5**にみるように、"標準世帯"といわれた「夫婦＋子供」世帯を既に凌駕し、さらに増加する勢いである。単身者は若者であれ高齢者であれ外食や中食を利用する傾向が強いので、今後、外食・中食での米の利用比率がさらに高まることは間違いないであろう。

　もうひとつの注目点は、米の需要量の減少傾向が21世紀に入っても止まらないことである。このことは**図13-6**から明らかで、2003年と2020年の比較でも862万トンから715万トンへ、ほぼ150万トン、2割近い減少である。しかも、農林水産省が公表するところでは、最近に至るも政府備蓄量が常に90万トン以上あるのに加え、民間在庫量も最少期である8月で100万トン前後

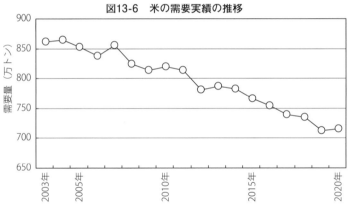

図13-5　世帯種類別世帯数の変化

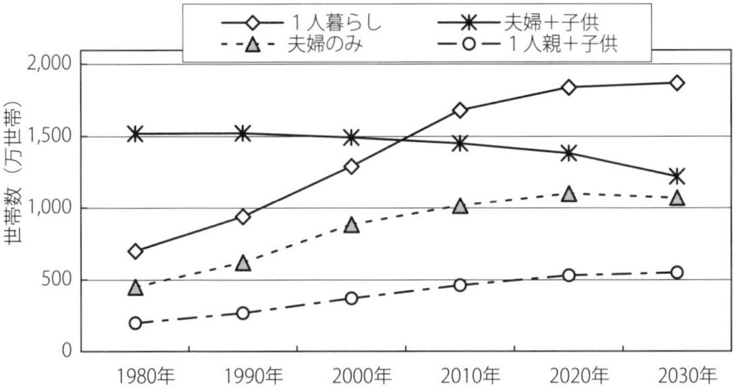

出所：国立社会保障・人口問題研究所資料

図13-6　米の需要実績の推移

出所：農林水産省資料

にのぼる。米の需要量が減少している中で、供給過剰傾向が続いているのである。

　この要因を消費面から指摘するならば、主に①食生活の洋風化によって米食からパン食にシフトしたこと、②高齢化によって1人当たり消費量が減少したこと、であろう。今後は洋風化はともかく、高齢化は"団塊世代"が後期高齢者になるなど、さらに一段と進むことから、現状のままであれば引き続き消費量の減少は避けられないであろう。今後も米の安定供給を確保しう

る生産体制を維持しようとするのであれば、輸出を含めた米市場の開拓に生産者、農協はもとより、国や都道府県も一層力を入れる必要があろう。

【課題】

1．食糧管理法時代、米の取引はなぜ強く規制されていたのか。調べてみよう。

2．近くのスーパーマーケット等で販売しているお米の値段を比較してみよう。

3．なぜ単身世帯の増加に応じて中食や外食の利用が増えるのか。皆で議論してみよう。

【参考文献】
・農林水産省「米をめぐる状況について」2021年
・藤島廣二他『新版　食料・農産物流通論』筑波書房、2012年

14　野菜のフードシステム

　我々の食生活に欠かせない野菜は、フードシステム全体の中で、肉、魚とともに生鮮3品のひとつとして重要な位置づけにある。

　野菜の上流から下流までの流れは、生産、一次加工、高次加工、卸・小売、消費（廃棄も含む）となる。野菜のフードシステムの最上流に位置づけられる生産の担い手は、野菜生産者、具体的には農家や農業法人である。一方、下流に位置する消費の担い手は、家庭あるいはレストラン等の外食・中食業者である。

（1）野菜消費の特徴

　冷蔵庫に野菜室があることやスーパーの入り口付近に野菜売場があることから理解されるように、生鮮野菜は食卓に欠かせないものである。食事バランスガイドでは、野菜の煮物、炒め物、おひたし等副菜を毎食1点とるように推奨している。

　図14-1から緑黄色野菜（トマト、ニンジン、ホウレンソウ、ピーマン、その他）、その他の野菜（キャベツ、キュウリ、ダイコン、タマネギ、ハクサイ、その他）、野菜ジュース、漬物別に、2011年以降の1人1日当たり摂取量の推移をみてみよう。緑黄色野菜の1人1日当たり摂取量は、その他の野菜の半分程度、野菜ジュースならびに漬物の8倍程度である。同摂取量の推移をみると、緑黄色野菜は、2015年まで増加傾向であったが、その後減少に転じた。その他の野菜は、2014年まで増加したが、その後増加したり減少したりしている。野菜ジュースは微増、漬物は微減の傾向を示している。これらの合計は、増加したり減少したりを繰り返しており、近年7年間のスパンで見るとおおむね横ばいで、安定しているともいえる。したがって、もし

図14-1　1人1日当たり野菜摂取量の推移

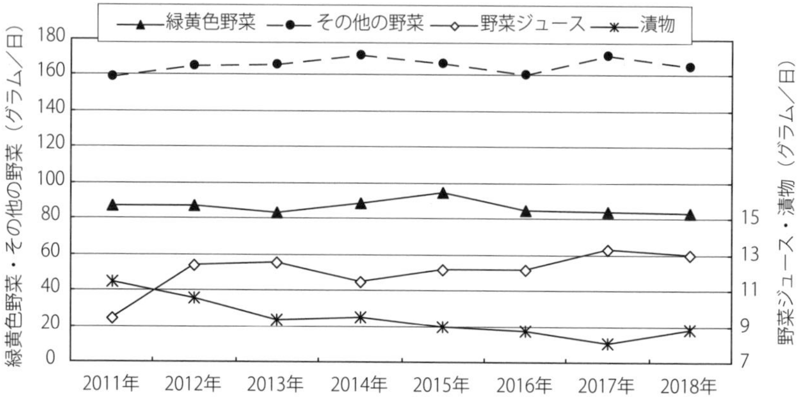

出所：厚生労働省「国民健康・栄養調査」

日本の総人口が減少していくとすると、野菜の総摂取量も減少していくと予想される。

　図14-2から生鮮野菜購入のための支出金額をみると、2人以上世帯の1世帯当たり生鮮野菜年間支出金額は、近年7万円前後である。仮に、週に3回食品スーパーで野菜の買い物をすると仮定すると年間約160回買い物をすることとなり、買い物1回当たりの野菜購入のための支出金額は約438円となる。消費者は、食品スーパーでの買い物では野菜購入のための支出金額を500円以内に抑えようと潜在的に意識しているのかもしれない。経年的には2000年から2012年まで緩やかに減少した後2016年まで増加し、2019年には2000年とほぼ同金額となった。20年のスパンでみると、野菜購入のための支出金額は、増加したり減少したりを繰り返している。単身世帯では2000年以降おおむね微増の状況が続いており、副菜摂取に対する意識は醸成されている可能性がある。単身世帯は2人以上世帯と比べて生鮮野菜購入のための支出金額が圧倒的に少ないことから、今後単身世帯の割合が増加し続ければ、生鮮野菜の市場は縮小する可能性が高い。しかし、カット野菜やセット野菜の消費が増大し、野菜消費の市場は維持される可能性もある。

　図14-3で2人以上世帯での支出金額の上位10品目についてみると、トマ

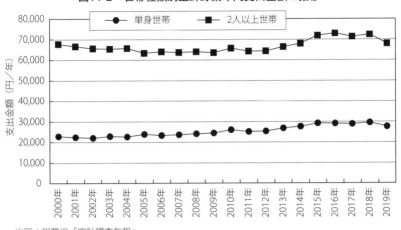

図14-2　世帯種類別生鮮野菜年間支出金額の推移

出所：総務省「家計調査年報」

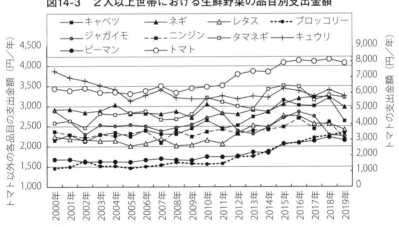

図14-3　２人以上世帯における生鮮野菜の品目別支出金額

出所：総務省「家計調査年報」

トは2000年から2010年ころまで横ばいで推移していたが、その後増加に転じた。2000年から2019年までに増加したのは、ブロッコリー、ピーマン、タマネギである。一方、減少したのは、キュウリである。全体的には、２番目から10番目までの生鮮野菜購入のための支出金額の差が小さくなっている。一方で、トマトとキュウリの購入金額を比較すると、2000年ではトマトがキュ

161

ウリの1.6倍であったが、2019年では同2.4倍と差が拡大した。

　夕食の食卓メニューからみると、野菜は、ほぼひとつのメニューに用いられる単用途野菜、ほぼふたつのメニューに用いられる複数用途野菜、いろいろなメニューにバランスよく用いられる多用途野菜に分類される[1]。単用途野菜にはカボチャ、レンコン、キュウリ、ホウレンソウ、レタス、複数用途野菜にはゴボウ、カンショ、ブロッコリー、サトイモ、トマト、多用途野菜にはニンジン、ピーマン、タマネギ、キャベツ、ジャガイモ、ダイコン、ナス、ネギ、モヤシ、ハクサイが該当する。近年支出金額が増加した野菜は複数用途野菜または多用途野菜に該当することから、内食用の野菜の消費拡大を図るためには、メニュー開発が有効である可能性がある。

　トマトについては、2011年以降トマトを含む緑黄色野菜の1人1日当たり摂取量が横ばい傾向で推移している一方で、2人以上世帯での購入のための支出金額は増加していることから、高級化、高品質化したトマトが支持されるようになった可能性がある。あるいは、生食で食すだけでなく、加熱調理して多量に食べることで栄養分を摂取しやすいことや、リコピンは抗酸化作用があり、がんや動脈硬化を予防する働きがあることによって健康野菜として注目されるようになったことが影響している可能性がある。また2020年に厚生労働省の専門家会議はゲノム編集トマトの販売を認めた。

（2）野菜流通の特質

　野菜のフードシステムの中間に位置するのは、流通や一次加工、高次加工である。

　流通においては、生産段階で収穫・選別・集荷した後、卸売市場経由で流通し、ほぼそのままの形状で小売店の店頭に並べられる。ネット販売やカタログ販売で生産者・団体から消費者へ直接販売されるルートもある。

1）単用途野菜、複数用途野菜、多用途野菜の特徴については、伊藤（2016）を
　参照。

表 14-1　野菜の商品形態別にみた主な流通主体

商品形態	主な流通主体	備考
生鮮野菜	農家、農業法人、農協、卸売市場	市場流通、市場外流通
一次加工野菜	仲卸、小売、カットメーカー	小分け、カット、パック
高次加工野菜	食品メーカー、食品卸	工場生産
セット野菜	カットメーカー、ネット通販企業、生協、スーパー	宅配

出所：筆者作成

　一次加工においては、卸売・小売業者や加工業者が生産者等から仕入れた野菜を、カット野菜、小ロット野菜、袋詰め・パック詰めセット野菜等に加工する。

　高次加工においては、食品メーカーが、野菜ジュース、冷凍野菜、ドライ野菜、野菜ドレッシング、漬物等を製造する。この場合、野菜以外のものも原材料として用いられる。

　農業法人や大規模農家では、事業多角化に取り組み、生産に加えて製造加工や直接販売、卸売事業、農家レストラン・農家民宿等サービス事業を行っている例がある。

　消費者のニーズが多様化するに従い、生産段階で収穫された野菜は、生鮮野菜として購買されるだけではなく、その形態を変化させて複数の流通主体（流通の担い手）の手を経て消費者にたどり着くことも多い。野菜のフードシステムの主な流通主体を商品形態別に整理すると、**表14-1**のとおりである。

（3）生鮮野菜のフードシステム

　国内産の生鮮野菜の流通は卸売市場が中心的な役割を担っており、輸入野菜や有機野菜の流通は卸売市場外での直接取引が中心である。

1）生産者の販売チャネル

　収穫量がそれほど多くない生産者、例えば家族経営的な農家は、収穫作物をそのままの形で、近くにある農協の集荷場へ出荷する共選共販の形態が多

163

い。収穫量が一定程度大きい生産者・団体、例えば企業経営的な農家や農業法人は、自らが収穫作物の洗浄・規格分けや段ボール詰め等を行い、農協の集荷場へ個選共販で出荷するか、あるいは実需者（業務用需要者）や卸売市場へ直接出荷する。

　農業法人向けアンケート（2018年6月実施、サンプル数283）に基づいて、農業法人の販売先等を観察してみよう。まず栽培品目をみておくと、回答した農業法人の54%が野菜を栽培し、53%が米を、22%が果樹を栽培している。合計で100%を超えるのは、複数品目を栽培している農業法人がいるからである。収穫した後、生鮮品形態で出荷する場合、その販売先をみると、**図14-4**のとおりである。

　同図により、8つの出荷先ごとに7つの販売金額ランク別の農業法人数の割合[2]をみると、農協出荷については「3,000万円以上」出荷の農業法人数が25.0%、「1円以上200万円未満」が13.1%で、「出荷なし」（農協へ出荷していない）が31.4%である。また、実需者向け卸売については、同じく「3,000万円以上」出荷の農業法人数が26.1%、「出荷なし」（実需者に出荷していない）13.8%、「1円以上200万円未満」39.2%である。ここでは、野菜だけに限ってはいないが、農協出荷を行っている農業法人数の割合は7割弱[3]であり、実需者向け卸売については6割強である。また、農協出荷や実需者卸売では、直売所販売、ネット販売、カタログ販売と比べて、販売金額が大きい、

　図14-5から野菜生産の推移をみると、野菜の総産出額は、2010年以降わ

2）農業法人向けアンケートでは、回答者は販売先（農協出荷、卸売市場出荷等8つ）ごとに、生鮮品形態での1年間の出荷額を、「1．出荷なし（出荷額0円）、2．1円以上200万円未満～7．3,000万円以上」の7ランクからひとつ選択している。ここで、ある農業法人が農協出荷で「1．出荷なし（出荷額0円）」を選択した場合、当該農業法人は農協にまったく出荷をしていないこととなる。

3）**図14-4**における「JA（農協）へ出荷」の項目で「出荷なし（出荷額0円）」以外を選択した農業法人数の割合である。

図14-4 販売先別販売額規模からみた農業法人数の構成比

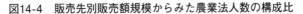

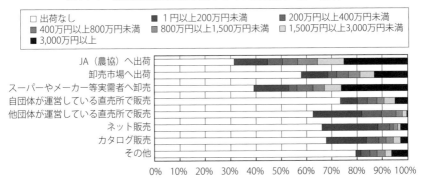

出所：尚美学園大学伊藤研究室が、2018年６月に農業法人向けに行ったアンケート（サンプル数283）による。

注：1）収穫農産物には、野菜、米、果樹が含まれている。
  2）加工向け出荷は除く。
  3）「出荷なし」はそれぞれの出荷先に対して出荷していない農業法人を意味する。例えば「JA（農協）へ出荷」で「出荷なし」が31.4％であるが、これは調査対象となった農業法人のうち31.4％がJAに出荷していないことを示している。

図14-5 野菜生産額の変化

出所：農林水産省「営農類型別経営統計」、「生産農業所得統計」

注：1）縦軸は、各値ごとに2010年を１とする指数を表す。
  2）農業粗収益、露地、施設は、個別経営における１戸当たりの平均野菜販売額を用いた。
  3）「個別経営」とは、農業生産物の販売を目的とする農業経営体のうち、世帯ごとに農業経営を行う経営体をいう。ちなみに、『野菜の総産出額』は個別経営体以外も含む。

ずかな変動はあるもののほぼ横ばいである。近年、野菜作中心の農家（個別経営）１戸当たりの平均野菜販売額は、露地野菜作、施設野菜作ともに増加した。このことより、当該農家は特に2015年以降ブランド化や新しい販路の

図14-6　総合農協における野菜の販売取扱高の推移

当期販売取扱高（1,000億円）

出所：農林水産省「総合農協統計表」
注：各年のデータは年度単位である。

開拓に積極的に取り組んだ可能性がある。**図14-6**から総合農協の野菜販売取扱高をみると、2007年度以降長いスパンでは増加傾向がみられたが、直近では減少した。

　先の**図14-3**でみたように生鮮野菜の支出金額が近年品目別に異なる動きを示していたことと、野菜生産と総合農協の野菜販売が安定した推移を示していることを考え合わせると、生産者・団体は消費者のニーズの変化に的確に対応していることがうかがわれる。

２）卸売市場流通

　2020年４月現在で、全国には青果物の中央卸売市場が49か所、地方卸売市場が1,025か所ある。農林水産省「卸売市場をめぐる情勢について」（2019年８月）から卸売市場経由率（市場経由率と略称することが多い）をみると、青果物全体で57％、国産青果物に限ると80％である。ここでの卸売市場経由率とは、国内で流通した加工青果物を含む国産および輸入の青果物のうち、卸売市場を経由したものの数量割合の推計値である。青果物全体と国産青果物で市場経由率が大きく異なるのは、輸入品の場合、加工品で日本に入ってくるか、生鮮品であっても加工用原料となることが多いからである。加工品

図14-7　卸売市場における野菜の品目別取扱高（上位10品目）

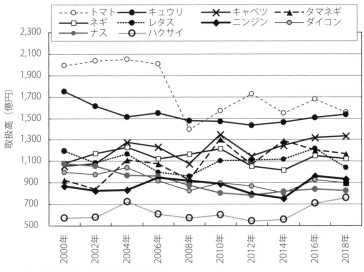

出所：農林水産省「青果物卸売市場調査」

または加工用原料は卸売市場を通ることがほとんどないのである。

　青果物を野菜と果実に分けると、野菜の方が卸売市場経由率が高い。農林水産省「卸売市場データ集」によれば、2017年の果実の市場経由率が38％であるのに対し、野菜は64％と、26ポイントも高い。果実は輸入物の比率が高く、ジュース等の加工品が多いからである。

　また、2000年以降、卸売市場における野菜の取扱高は比較的安定している。**図14-7**は取扱高の大きい品目について、取扱高の推移をみたものであるが、トマト、ナス、ダイコンのように取扱高が減少した品目がある一方で、キャベツやハクサイのように増加した品目もある。しかも、増加も減少も激しい増減ではなく、横ばい的な動きが多い。図中の上位10品目で最も大きく変動したのはトマトであるが、それでも変動幅は3割程度にとどまっている。

3）市場外流通

　市場外流通は卸売市場を経由しない取引であるので、全国的にどれだけの

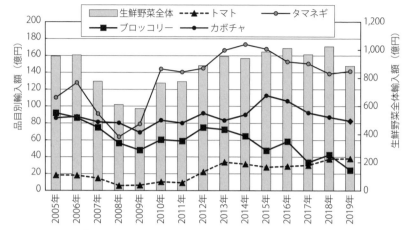

図14-8　生鮮野菜の輸入金額の推移

出所：財務省「貿易統計」
注：縦軸において、生鮮野菜の値は右軸、トマト等野菜の値は左軸で表される。

　量が存在するのかは把握しにくい。卸売市場を経由しない生鮮野菜の流通に
は、輸入野菜の取引、契約栽培やネット取引等による生産者と事業者の直接
取引、植物工場生産野菜の取引等がある。それらについてみてみよう。

　図14-8に示すように、生鮮野菜の輸入金額をみると年によって大きく変
動している。2008年のリーマンショックによる景気後退で野菜の輸入金額は
減少したが、その後数年で持ち直し、さらに近年は再び減少傾向がみられる、
等である。主な品目はタマネギ、カボチャ、トマト、ブロッコリーであるが、
特にタマネギとカボチャは2品目で1990年代の生鮮野菜輸入総量の半分強を
占めていたことから[4)]、最も重視されている。これらの4品目のうちタマネ
ギの輸入金額は2010年以降おおむね安定し、カボチャ、トマトも横ばい傾向
で、ブロッコリーだけが減少傾向にある。ブロッコリーの減少の要因は国内
の需要が輸入物から国産物にシフトしていることによるものとみられる。ち
なみに、主な輸入農畜産物は、タバコ、豚肉、牛肉、トウモロコシ、生鮮・

4）福田（1996）を参照。

乾燥果実、アルコール飲料、鶏肉調製品、冷凍野菜、大豆、小麦、ナチュラルチーズ、鶏肉、コーヒー生豆で、生鮮野菜の輸入はそれほど多くはない。

　外食・中食企業、中間流通事業者等の需要側と生産者、出荷団体等の供給側との間では、契約による業務用野菜の直接取引が行われている。外食・中食企業は常にあらかじめ定められたメニューを消費者へ提供するために、食材の質・量・価格の安定を求め、契約取引になることが多い。例えば、すかいらーくは多種類の野菜を入手するために、全国の多数の生産者や出荷団体と契約しているといわれる。また、安定供給を実現する目的で、モスフードサービスはレタスを生産する農業法人を設立している。

　量的には少ないが、植物工場で生産されるリーフレタス等も卸売市場外で取引されることが多い。植物工場の場合、採算性が厳しいため、価格が変動しやすい卸売市場での取引が嫌われがちなのである。最近では直接販売を通してコンビニや機内食、外食チェーン等に幅広く浸透しつつあるといわれている。

（4）加工野菜のフードシステム

1）一次加工野菜

　近年、核家族化や高齢化等を背景に、惣菜やサラダはもとより、より少量に小分けされたカット野菜やキット野菜のような一次加工野菜の販売金額が伸びている。そのことを示すために作成したのが図14-9である。

　これによれば、カット野菜は2009年と2018年の比較で、千人当たりの販売額は500円から1,312円へ、2.6倍に伸び、キット野菜も201円から696円へ、3.5倍に増加した。しかも、2018年時点で千人当たり1,312円と696円ということは、まだまだ購入していない人がかなりの数にのぼっていることを示唆している。すなわち、今後も伸びる余地が大きいとみて間違いない。

　カット野菜等の原料野菜の調達先であるが、それに関しては農畜産業振興機構が行った調査報告書「平成24年度カット野菜需要構造実態調査事業報告

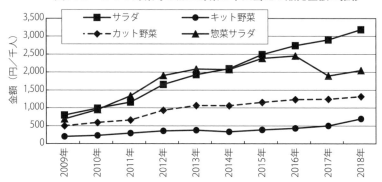

図14-9　カット野菜等の加工野菜の千人当たり販売金額の推移

出所：農畜産業振興機構「平成30年度カット野菜・冷凍野菜・野菜惣菜に係る小売販売動向調査」
注：「サラダ」はサラダ用に複数の野菜をカット・パックしたもの、「キット野菜」は鍋セット等
　　の調理に合わせた野菜等のセット、「カット野菜」は野菜を単にカット・パックしたもの、
　　「惣菜サラダ」はポテトサラダ等サラダに味付け等の調理をしたものである。

概要」がある。これによれば、原料野菜の調達先の第1位は卸売市場の仲卸
業者で、全調達額の21.6％を占め、第2位も卸売市場の卸売業者で19.3％、次
いで農協・経済連の11.7％である。卸売市場を中心としつつも、調達先は比
較的分散化しているとみられる。

　なお、野菜の一次加工を行う業者はデリカフーズ㈱のように卸売市場外の
企業だけでなく、㈱ベジテックのように卸売市場の仲卸業者または卸売業者
を兼ねている企業や、その子会社も少なくない。

2）高次加工野菜

　近年、カボチャの煮物、ホウレンソウのおひたし等の冷凍調理野菜の販売
額は、微減または横ばい傾向にある一方、皮むきサトイモ、ブロッコリー等
の冷凍野菜は増加傾向にある。そのことを示しているのが**図14-10**である。
その理由は冷凍野菜の場合、食材であることから多様な料理に利用できると
いうことに加えて、やはり価格の安さがあるであろう。レストラン等の業務
用需要者にとって価格が重要なことは言うまでもないが、最近は家庭（最終
消費者）にとっても価格の重要度が増しているからである。

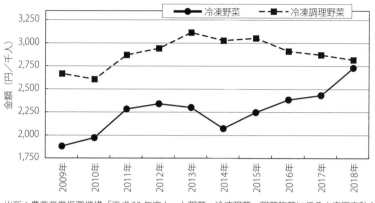

図14-10　冷凍野菜と冷凍調理野菜の千人当たり販売金額の推移

出所：農畜産業振興機構「平成30年度カット野菜・冷凍野菜・野菜惣菜に係る小売販売動向調査」

　その冷凍野菜の仕入先をみると、最近は8～9割が輸入である。農林水産省「農林水産物輸出入概況」によると、冷凍野菜の輸入金額は、2011年1,206億円、2015年1,880億円、2019年2,015億円へと急激に増加している。品目としては、ポテト、エダマメの輸入が多く、輸入先国としては中国、米国、タイ等である。輸入が増加した背景には、輸入品の価格が安いことがあるが、それだけでなく、国内の天候不順によって生鮮野菜の価格の不安定性が増していることも大きいであろう。

　冷凍野菜や冷凍調理野菜以外にも様々な高次加工野菜があるが、その代表例として野菜ジュースと漬物があげられる。

　野菜ジュースの製造業者はカゴメ㈱、日本デルモンテ㈱、㈱伊藤園等の大手メーカーである。そのうちカゴメ㈱は全国に原料生産拠点としてオランダ型の温室ハウスを所有したり、ジュース専用のトマトの生産を国内の生産者と直接契約するなどして、原料の入手を行っている。日本デルモンテ㈱はジュース原料を輸入野菜と国産野菜で調達している。伊藤園も同様に国産野菜と輸入野菜の両方で調達している。

　一方、漬物の製造業者には「きゅうりのキューちゃん」で有名な東海漬物

㈱や、沢庵漬けから漬物総合企業に成長した秋元食品㈱、等が存在する。東海漬物㈱はキムチのハクサイについては国内の生産者と契約栽培を行い、キュウリ漬けのキュウリは国外産を使用している。また秋元食品㈱はキムチで国産ハクサイを使用しているが、生産者との契約栽培で入手するとともに、卸売市場からの仕入も行っている。

　いずれにしても、高次加工野菜の場合もかなり多様な原料仕入ルートがあると言えよう。

（5）セット野菜のフードシステム

　複数の種類の野菜を詰め合わせて、段ボール箱等に詰めて販売するのがセット野菜である。野菜の組み合わせの選択は、消費者が決定する場合と事業者が決定する場合がある。消費者はネット等を利用した通販で入手するか、生協等による宅配サービスで入手するのが一般的である。

　野菜を取り扱っているショッピングモールサイトとしては、アマゾン、楽天、ヤフー等があげられ、多くの人々が利用しているとみられる。日本政策金融公庫「平成27年度下半期消費者動向調査」によれば、ネット通販購入経験者の女性のうち31.7％が「野菜」を購入している。また「ネットスーパー（6）（2015年調査）」（マイボイスコム）によると、ネットスーパーの利用経験割合は19.5％で、そのうち"よく購入する商品・購入していた商品"として野菜をあげた回答者の割合は42.6％であった。

　セット野菜の宅配サービスについては、パルシステム生活協同組合連合会とオイシックス・ラ・大地㈱等がある。前者は生協組合員を対象とし、後者は有機野菜等を求める消費者を対象とした宅配サービスである。両者とも販売先である消費者とともに、安定供給を実現するため多数の契約農家を有している。

　以上のようなネット通販や宅配サービスによるセット野菜の供給は、共働き等が進む社会構造の変化の中で伸長する可能性が高いと言えよう。

【課題】

1. 2人以上世帯において、キャベツ、ネギ、レタス、ブロッコリー、ジャガイモ、ニンジン、タマネギ、キュウリ、ピーマンの9品目間の支出金額の差は、2000年以降縮小した。このような傾向を示している背景を、ライフスタイルの変化や高齢化等社会の変化から考えてみよう。

2. 近年、カット野菜の需要は伸びている。この背景には、核家族化や共働き世帯の増加等が考えられる。それでは、今後、カット野菜の需要が伸びた場合、生産者と流通業者はどのような影響を受けるか。皆で議論してみよう。

【参考文献】
・伊藤雅之『野菜消費の新潮流』筑波書房・2016年
・福田康夫『野菜の国際比較』筑波書房・1996年
・堀田学『青果物仲卸業者の機能と制度の経済分析』農林統計協会・2000年

15 ビールのフードシステム

ビールの歴史は驚くほど長く、日本でも既に幕末には知られていたという。そこで本章では、ビールの起源と歴史を踏まえた上で、加工食品の代表として日本におけるビールのフードシステムについて理解していくことにしよう。

(1) ビールの歴史

ビールの起源は紀元前8000～4000年のメソポタミア地域にまで遡るとされており、当時は麦を原料として焼いたパンに水を加え、自然発酵させるという方法によって製造されていた[1]。その後、北ヨーロッパでは少なくとも紀元前1800年頃にはビールが造られており、デンプンを糖化するのに麦芽を用いる手法もすでに確立していた。

11世紀後半にはビールに苦味や香りを付けるためホップが使用されるようになり、醸造技術の向上もあって現在に近いものとなった。そして、1516年には現在のドイツの一地域にあたるバイエルン公国において「ビール純粋令」が定められ、同法により大麦・水・ホップ以外の原料の使用が禁止された[2]。現在のビールは、常温で上面発酵により製造されるエールと低温で下面発酵により醸造されるラガービールとに大別されるが、より詳細にみるならば、世界各地で原料や製法の異なる多様なビールが開発・製造されながら、現在に至っている。

---

1) ビールの起源と歴史および日本における導入・普及については、主としてビール酒造組合のホームページ（https://www.brewers.or.jp/tips/histry.html）による。
2) 現在のビール純粋令では大麦・ホップ・水に加えて酵母の使用が認められている。

日本において初めてビールが紹介されたのは幕末であったが、本格的な製造は1872年であり、さらに1876年には北海道開拓司仲麦酒醸造所が創設された。明治中期には国内における近代的産業の成立にともなって、日本麦酒醸造会社（1887年）、札幌麦酒会社（1888年）、大阪麦酒会社（1893年）等、現在の主要ビールメーカーの系譜につながる会社が設立され、製造量も経年的に拡大した。

日中戦争から第2次世界大戦中にかけては統制経済によりビールの自由な流通が制限され、戦後も物資不足が続いたことから、ビール業界の本格的な復興・成長は1950年代以降であった。その後、日本の経済成長と基調を合わせる形でビールの製造量も拡大し、1959年には清酒を抜いて酒類販売量のトップとなった。

（2）ビール系飲料の概要

1）ビール系飲料の定義

本節では酒税法で定められたビールの定義について確認するが、いわゆる「ビール系飲料」と称されるものにはビールに加えて、ビールと外見および消費形態が類似した酒類が含まれることから、これらについても併せてみておきたい。

表15-1はビール系飲料の定義・製法について取りまとめたものである。最初にビールからみると、①は副原料を使用せず、麦芽のみを原料に酵母を用いて発酵させ、ホップにより風味付けを行ったもの[3]である。次の②は麦芽以外に米やコーンスターチ等を副原料として使用するものである。現行法で許容される副原料使用率の上限は麦芽重量の1／2以下であるが、2017年の酒税法改正までは1／3までとされていたことから、使用可能な副原料の上限は引き上げられている。さらに③については、①または②に対しさら

3）このような原料は「ビール純粋令」で定められたものに等しく、このため①はビールの最も基本的な製法により醸造されたものということができる。

表15-1　ビール系飲料の定義

	原料・製法
ビール	①麦芽、ホップ及び水を原料として発酵させたもの
	②麦芽、ホップ、水及び麦その他の副原料を原料として発酵させたもの ※麦その他の副原料の重量は麦芽の1/2以下
	③①または②にホップまたは政令で定める物品を加えて発酵させたもの ※政令で定める物品の重量は麦芽の1/20以下
発泡酒	麦芽又は麦を原料一部とした酒類で発泡性を有するもの
新ジャンル	④その他の醸造酒（発泡性） ※麦芽以外を原料として発酵させたもの
	⑤リキュール（発泡性） ※発泡酒にスピリッツを加えたもの

出所：「酒税法」、「日本のビール・発泡酒・新ジャンルと税」日本ビール酒造組合

に政令で定める物品、具体的には麦芽重量の1／20を上限とする果実やコリアンダー等を使用したものである。なお、③については2017年の法改正からビールとして認められたが、その背景には近年におけるクラフトビール[4]のブームがある。

ビール系飲料には、上記以外に発泡酒と新ジャンルが含まれる。このうち発泡酒については、麦芽や麦等から作る発泡性を有したアルコール飲料を意味する。新ジャンルについては「第3のビール」ともいわれるが、それには④ビールや発泡酒以外の発泡性酒類や⑤発泡性のリキュール等、法律上複数に区分される酒類が含まれる。

2）酒税法改正とビール系飲料の酒税率

前項においてビール系飲料の定義を確認したが、それと関連して2017年10月の酒造法改正にともなう酒税率の変更[5]について整理したい。この改正

4）小規模な製造業者が製造するクラフトビールは個性を出すため果汁等で風味付けを行うことも多いが、2017年の酒税法改正前の定義では、このような製品は発泡酒に分類されていた。
5）「酒税法に関する資料」財務省（https://www.mof.go.jp/tax_policy/summary/consumption/d08.htm）による。

により、今後ビール系飲料は税率の変更が予定されているが、その内容は以下のとおりである。

改正前のビール系飲料の酒税（350ミリリットルに換算）は、ビール77.0円、発泡酒46.99円[6]、新ジャンル28.0円となっており、同じアルコール度数であってもビールは発泡酒や新ジャンルと比較して高い税率が設定されていた。このため、ビールの国内販売量は1990年代後半以降、減少傾向で推移する一因となっていた。

しかし2017年の酒税法改正により、ビール系飲料の税率は2020年10月に変更されただけでなく、今後も2023年10月と2026年10月の2回にわたって変更が予定されている。具体的には、ビールは70.0円→63.35円→54.25円と引き下げられる一方で、発泡酒は46.99円→46.99円→54.25円と20.26円と引き上げられ、新ジャンルについても37.8円→46.99円→54.25円と引き上げられることから、2026年にはビール系飲料の税率は54.25円に統一されることになる。このような税率の変更は、ビールと価格の安さで販売量を伸ばしてきた発泡酒や新ジャンルとの競争関係に変化が生じることを意味しており、将来的にビール系飲料市場におけるシェアも変容していく可能性が高い。

（3）酒類およびビール系飲料市場の動向

1）酒類市場の動向

日本で伝統的に親しまれてきた酒類としては清酒や乙類焼酎等があげられるが、明治以降はビールやウイスキー、ブランデー、さらにはワイン等多様な種類の酒類が紹介され、普及してきた。本節においては、**図15-1**に基づいて国内における酒類の販売数量の推移、なかでも清酒、ビールおよび発泡酒の動向を確認したい。

最初に2018年現在における酒類の販売量構成について確認すると、酒類計

6）この場合の発泡酒の税率は、麦芽比率25％未満のものである。

図15-1 酒類別年間販売量の推移

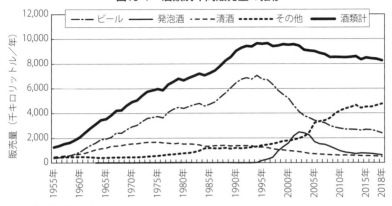

出所：「国税庁統計年報」による。
注：1）「販売数量」は、酒類製造者の消費者への販売数量、酒類卸売業者の消費者への販売数量
　　　　及び小売業者の販売数量の合計である。
　　2）「販売数量」は、沖縄県分を含まない。

824万5,000キロリットル（100.0％）のうち、ビール28.9％、リキュール27.8％、焼酎9.5％、発泡酒7.5％、原料用アルコール・スピリッツ6.6％、清酒・合成清酒6.3％、果実酒4.4％、ウイスキー・ブランデー 2.2％、みりん1.2％、その他5.7％となっている。このことから、ビールは現在においても消費量トップの位置にあるだけでなく、発泡酒等を含むビール系飲料は酒類需要の中心的な位置付けを占めていることは明らかであろう。

　次に酒類計の経年動向を確認すると、終戦から10年が経過した1955年の年間販売数量（沖縄県を除く）は126万9,000キロリットルであったものが、その後は経済成長に伴う可処分所得の増大もあって拡大傾向で推移し、バブル経済崩壊から4年後の1996年には965万7,000キロリットルとピークに達した。その後は緩やかな減少傾向に転じるが、2006年以降も800万キロリットル台を維持しながら推移し、2018年においては824万6,000キロリットルとなった。

２）清酒市場の動向

　清酒の1955年における販売量は42万3,000キロリットルであり、酒類計の

37.7％を占めていた。その後は増加基調にはあるものの酒類計やビールと比較して緩やかな増加となっているだけでなく、第１次オイルショックの３年後の1975年に167万5,000キロリットル（酒類計の28.0％）となって以降は販売量が低迷し、2018年には48万9,000キロリットル（酒類計の5.9％）にまで減少した。以上から、清酒はかつてのような酒類の中心的な位置付けから大きく後退している。

3）ビール市場の動向

次にビールについてみていきたい。ビールは清酒と比較してアルコール度数は低いものの、その販売量をみた場合、1955年の段階において既に36万7,000キロリットルが販売されており、酒類計の28.9％を占め清酒に次いで消費されていた。その後は清酒を超えるペースで販売量を拡大し、そのピークは1994年の705万7,000キロリットルで同年の酒類計の73.2％を占めるに至った。

このことから、既にみた酒類販売量の増大は、主としてビールの販売量拡大によってもたらされたものということができる。しかし、1990年代後半以降は大幅な減少に転じ、2018年には238万6,000キロリットル（酒類計の28.9％）にまで減少した。ちなみに、この数字は1994年のビール販売量の33.8％に過ぎない。

4）発泡酒市場の動向

酒類市場でビールが凋落していくなかで、その一因となったのが発泡酒の拡大である。発泡酒の販売が開始[7]されたのは1984年と比較的最近であるが、1990年代半ばより急激に販売量を伸ばし、2002年には246万5,000キロリットル（酒類計の26.1％）となるまでに拡大した。しかし、その後の新ジャンルや焼酎の人気拡大もあって消費は停滞傾向で推移し、2018年の62万キロリッ

7）発泡酒は1963年から1965年の間も販売されていたが、その数量は年間4,000キロリットル（1963年）程度に過ぎなかった。

トル（酒類計の7.5％）にまで減少した。

（4）ビールの製造工程と原料調達

1）ビールの製造工程

　フードシステムは最終製品の製造・流通・消費だけでなく、原料の生産・流通といった製造以前の段階までも包摂する概念である。このため、ビールの原料と製造工程[8]についてみた後、原料のフードシステムについて確認しよう。なお、ビールの原料は水以外に麦芽、ホップ、酵母、副原料等があげられるが、ここでは理解を容易にするため副原料は記述の対象から除く。ビールの製造工程を大別すると、①製麦、②仕込み、③発酵、④貯蔵、⑤ろ過・パッケージングの5段階からなる。各工程の概要については以下のとおりである。

①製麦：ビール製造の最初の段階ともいえる製麦においては、二条大麦を水に浸漬して発芽させ、それを加熱・乾燥するという作業を経て麦芽へと加工する。

②仕込み：本段階はさらに糖化、麦汁ろ過、煮沸の3工程に細分される。具体的には、糖化では粉砕した麦芽を湯と混合することによって「もろみ」を作り、その過程で麦芽の酵素によりでん粉やタンパク質は糖類やアミノ酸等に分解される。その次の麦汁ろ過ではもろみをろ過することによって、穀皮を除いた麦汁が抽出される。抽出された麦汁は煮沸されるが、この工程において数次にわたってホップが投入され、香りや苦みが麦汁に取り込まれる。

③発酵：酵母を加えられた麦汁は5℃程度にまで冷却され、その後発酵タンクにおいて1週間程度の時間をかけて発酵が行われる。同工程においては、麦汁のなかの糖分がアルコールと二酸化炭素に分解され、最終製品である

8）ビールの製造工程はキリンビール株式会社のホームページの「品質への取り組み（https://www.kirin.co.jp/csv/quality/theme/pickup/006.html）」による。

ビールに近いものへと変化する。

④貯蔵：その後、ビールは貯酒タンクに移され、低温で比較的長期間保管され、熟成された品質のものへと変化する。

⑤ろ過・パッケージング：熟成が終わったビールはろ過されることで酵母が取り除かれ、最終的に缶や瓶・樽等の容器に詰められた荷姿となって工場から搬出される。

2）ビールの原料調達

①麦芽

麦芽は二条大麦を原料として製造されるが、二条大麦を含む大麦の国内自給率は1割に満たないことから、その大部分をカナダ・オーストラリア等の海外から輸入している。そして、麦芽についても国内で加工されたものより、海外で既に加工された輸入麦芽が使用されるケースが大半である。

一方、一部については国産二条大麦が使用されているが、この場合は基本的にビール製造業者と農協等の生産者団体との間で締結された契約に基づいて生産される。また、国産大麦の場合も麦芽への加工はビール製造業者が行わず、麦芽等製造業者により加工されたものが原料として使用される。

②ホップ

ホップの国内自給率も1割程度に過ぎないことから、原料ホップの大部分はドイツやチェコ等から輸入している。しかし、一部ではあるが国産も使用され、この場合は寒冷な気象条件がホップの生産に適する東北地方において、ビール製造業者と生産者等との契約栽培により生産している。

（5）ビール市場の特徴と価格形成

ビールを製造するためには免許が必要であり、このため長期間にわたって新規参入が抑制されてきたという経緯もあって、国産ビール市場の大部分は

大手4社によって占められている。1994年の酒税法改正以降は国内に多数の地ビールやクラフトビールの製造業者が設立されるようになったが、現在においてもこれらメーカーの製造量は決して多いとはいえない[9]。このため国産ビールの市場は、大手4社および沖縄県のオリオンビールの5社によって寡占市場が形成されたという特徴がある。経済学においては、寡占市場では一般的に製品をめぐる製造業者間の価格競争が抑制的となり、価格変動は硬直的になるとされている。このため寡占市場における競争は、価格競争に加えて製品差別化や広告宣伝等、非価格競争の重要性が高くなる傾向にあることが指摘されている。

　ビール原料の種類は少なく、またこれら原料は農産物およびその1次加工品であることから、年々の作柄に起因して価格変動が生じる可能性が高い。このような特徴はビールの製造原価に大きな影響を及ぼすことになり、ビール製造業者にとっては原料の計画的かつ安定的な調達をいかに実現していくかが重要な課題となる。このため、ビール製造業者と麦芽等製造業者との間には、複数年間にわたる長期の取引契約を締結することによって、原料価格の変動に起因するリスクの回避が図られている。

（6）ビールの流通経路

　国産ビールの流通経路を中心にフードシステムの概要をまとめたものが**図15-2**である。同図は大手製造業者の製品を対象とする主要経路のみを示していることから、地ビールのような零細な流通は含んでいない。なお、製造業者以降の経路に関しては他の国産酒類も同様である。ビールの製造以前の段階については原料に関する記述で既に述べたので、本節においては製品と

9）「地ビール等製造業の概況（平成30年度調査分）」国税庁によれば、2018年の地ビール等の製造量はビールが2万7,940キロリットル、発泡酒は3,726キロリットルに過ぎない。

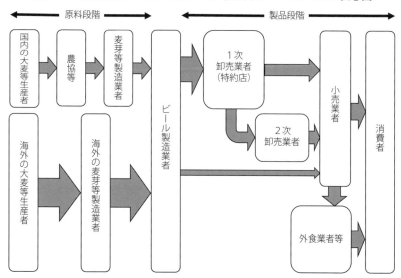

図15-2　流通経路を中心にみたビール系飲料のフードシステム概念図

出所：『新・農産物流通』P132およびアサヒビール（株）へのヒアリングにより作成。
注：1）流通経路は多岐にわたるため、主要な経路のみ示している。
　　2）ビール製造業者による小売業者への販売は、「生契約（樽容器のみの契約）」等に限定
　　　　されている。

なって以降の流通経路について確認しよう。

　一般的に加工食品の流通は、製造業者→卸売業者→（2次卸売業者[10]）→小売業者・外食業者等のルートにより消費者へと供給されるが、ビールをはじめとする酒類の特徴として、製造業者と卸売業者との関係に「特約店」という制度が存在することと、卸売業者と小売業者に酒類販売免許が必要な点があげられる。

　このうち特約店制度[11]とは、製造業者と卸売業者との間で取引契約を結び、卸売業者は製造業者から商品を仕入れ、小売業者に幅広く販売していく仕組みのことをいう。酒類業界において、過去に統廃合を行った経緯のある

---

10) 加工食品の流通において2次卸売業者が介在するかどうかはケースバイケースである。
11) 特約店制度についてはアサヒビール株式会社へのヒアリング（2020年）による。

卸売業者については複数の製造業者と契約を締結しているケースもあるが、1社の製造業者とのみ契約する卸売業者やそもそも製造業者との契約がない卸売業者も存在する。このため、多くの卸売業者は製造業者からの直接購入に加えて、他の卸売業者からも商品の調達を行う必要性が生じる。そして、このような卸売業者も2次卸売業者として酒類流通の一翼を担っている。

　酒類で特約店制度が形成された背景には、製造業者が直接販売したのでは小売業者までの配荷が行えなかった点があげられる。このため、製造業者は特定の卸売業者に製品の販売を依頼することによって、全国各地に所在する小売業者へ販売したことが特約店制度成立の経緯である。現在では、酒類を扱う卸売業者は多数の製造業者による膨大な種類の製品を取り扱うとともに、それを配荷するため多品種小ロットの配送を行うことによって小売業者に必要な商品を供給している。

（7）ビールの消費動向

1）ビールの最終仕向先と包装容器

　国内で流通するビールは最終的に家庭もしくは外食業者等で消費されるが、2018年における用途別にみたビールの仕向割合[12]は、家庭用が53.6％であるのに対し、業務用は46.4％となっている。

　また、流通段階におけるビールの包装容器は、缶が49.3％、樽・タンクが35.4％、瓶が15.3％という構成である。一般的に、家庭においてはワンウェイとなる缶を中心に購入されているのに対し、業務用はリターナブルな樽・タンクおよび瓶が多い傾向にあるとみられる。

2）消費者のビール購入先

　消費者の購入先についてみたのが**表15-2**である。ビールの購入先はスー

12）「市場動向レポート」ビール酒造組合による。

表 15-2　酒類の品目別小売業態構成（2017 年）

(単位：上段・キロリットル、下段・%)

		一般酒販店	コンビニエンスストア	スーパーマーケット	百貨店	ディスカウントストア	業務用卸主体店	ホームセンター・ドラッグストア	その他	合計
ビール	実数	510	218	538	36	258	474	116	150	2,299
	構成比	22.2	9.5	23.4	1.5	11.2	20.6	5.0	6.5	100.0
発泡酒	実数	48	86	265	1	96	13	86	34	630
	構成比	7.7	13.6	42.1	0.1	15.2	2.1	13.7	5.5	100.0
その他	実数	444	695	2,236	18	591	266	662	258	5,171
	構成比	8.6	13.4	43.3	0.4	11.4	5.1	12.8	5.0	100.0
合計	実数	1,002	999	3,039	54	944	752	864	443	8,100
	構成比	12.4	12.3	37.5	0.7	11.7	9.3	10.7	5.5	100.0

出所：「酒類小売業者の概況（平成 30 年度調査分）」国税庁による。
注：公表の対象となる小売業者数は 87,122 である。

パーマーケット23.4％、一般酒販店22.2％、業務用卸主体店20.6％、ディスカウントストア11.2％となっており、比較的分散している。しかし、業務用卸主体店やディスカウントストアの構成比が比較的高く、週末等を利用したまとめ買い的な購入形態も少なくないことが読み取れる。これを発泡酒と比較した場合、ビールでは業務用卸主体店と一般酒販店の構成比が高く、その一方でスーパーマーケットは低い傾向にある。

3）ビールの月別消費量

　最後に図15-3によりビールの月別需要量についてみておきたい。同図で取り上げているのは月別取引量であるが、ビールは長期保存されることがないため、ほぼ需要量に等しいとみて大きな間違いはない。

　同図から読み取れるように、ビールの消費面における最大の特徴は、消費の季節変動が大きいという点である。例えば、最も消費量の少ない1月は12万9,151キロリットルであるのに対し、気温が上昇する夏にかけて消費量も上昇し、7月には30万2,886キロリットルと1つのピークを形成している。そして、年間を通じて最大となるのはクリスマスや忘年会等の飲酒機会が多い12月であり、31万6,087キロリットルが消費されている。このように1月と12月とでは消費量に2.4倍もの違いがあることから、製造および流通業者はそれに応じた対応が求められることになる。

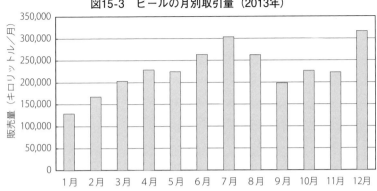

図15-3　ビールの月別取引量（2013年）

出所：ビール酒造組合「市場動向レポート」による。
注：1）取引量は国内大手５社の合計である。
　　2）取引量には国内メーカーが販売した輸入ビールを含む。

　以上、本章においては酒類の代表例としてビールのフードシステムを取りあげて、その製造・流通・消費について概観した。明治以降に開始された日本のビール製造は、原料を輸入に依存しながら拡大するとともに、寡占市場の形成や特約店制度の存在等、特徴的なフードシステムが形成されている。

【課題】

1．1990年代の後半以降にビール市場が縮小した理由について考えてみよう。

2．日本人の食生活の変化とビール消費との関係について皆で議論しよう。

3．酒造法改正による税率変更がビール市場に与える影響について各自で整理してみよう。

【参考文献】
・藤島廣二他『食料・農産物流通論』筑波書房・2009年
・橋本健二著『居酒屋の戦後史科』祥伝社新書・2015年
・大川章裕著『ビール！ ビール！ ビール！』幻冬舎・2018年

〈編集・執筆者〉

藤島廣二（東京聖栄大学健康栄養学部・常勤客員教授）
担当章： 1　社会を支えるフードシステム（3名共同執筆）
　　　　 2　わが国のフードシステムの現状（3名共同執筆）
　　　　 3　グローバル化したフードシステム（3名共同執筆）
　　　　 5　畜産物の生産システム
　　　　 6　水産物の生産システム
　　　　13　米のフードシステム

伊藤雅之（筑波学院大学経営情報学部・教授）
担当章： 1　社会を支えるフードシステム（3名共同執筆）
　　　　 2　わが国のフードシステムの現状（3名共同執筆）
　　　　 3　グローバル化したフードシステム（3名共同執筆）
　　　　11　食品の購買行動
　　　　14　野菜のフードシステム

〈執筆者〉

矢野泉（広島修道大学商学部・教授）
担当章： 7　食品加工業の展開とフードシステムの中の位置
　　　　 8　穀類の流通システム
　　　　10　加工食品の流通システム

木村彰利（日本獣医生命科学大学応用生命科学部・教授）
担当章： 4　農産物の生産システム
　　　　 9　生鮮食品の流通システム
　　　　15　ビールのフードシステム

寺野梨香（東京農業大学国際食料情報学部・准教授）
担当章： 1　社会を支えるフードシステム（3名共同執筆）
　　　　 2　わが国のフードシステムの現状（3名共同執筆）
　　　　 3　グローバル化したフードシステム（3名共同執筆）
　　　　12　食の外部化の進展

フードシステム

2021年4月20日　第1版第1刷発行

編　者◆藤島廣二・伊藤雅之
執筆者◆藤島廣二・伊藤雅之・矢野泉・木村彰利・寺野梨香
発行人◆鶴見治彦
発行所◆筑波書房
　　　　東京都新宿区神楽坂 2-19 銀鈴会館 〒162-0825
　　　　☎ 03-3267-8599
　　　　郵便振替 00150-3-39715
　　　　http://www.tsukuba-shobo.co.jp
定価はカバーに表示してあります。

印刷・製本＝平河工業社
ISBN978-4-8119-0597-6　C3033
ⓒ 2021 printed in Japan